Eisert · Heinrich · Reich

Wetterjahr 2024

Wetter · Klima · Natur

Windturm

INHALT

Das Wetterjahr 6
Der Wetterkalender 7

Januar 9
Wetter und Natur: Langlebiger Grönlandhai 10
Wetterwissen: Arktischer Regen im Winter 11
Typische Wetterlagen 12
Wetterkalender 13
Monatsthema: Schreiende Wolken 18

Februar 21
Wetter und Natur: Wärmeregulierung bei Tukanen 22
Wetterwissen: Atmosphärische Gezeiten 23
Typische Wetterlagen 24
Wetterkalender 25
Monatsthema: Wassermangel im Panamakanal 30

März 33
Wetter und Natur: Trinkwasser aus dem Bodensee 34
Wetterwissen: Regen und Kälte in Südostaustralien 35
Typische Wetterlagen 36
Wetterkalender 37
Monatsthema: Die wichtigsten Wolkentypen 42

April 47
Wetter und Natur: Muscheln mit Frostschutz 48
Wetterwissen: Umkehrthermik 49
Typische Wetterlagen 50
Wetterkalender 51
Monatsthema: Wind in der Stadt 56

Mai 59
Wetter und Natur: Ende eines Baum-Wahrzeichens 60
Wetterwissen: Angst vor dem Kometenschweif 61
Typische Wetterlagen 62
Wetterkalender 63
Monatsthema: Klimafaktoren für den Weinbau 68

Juni 75
Wetter und Natur: Temperaturabhängiger Reisanbau 76
Wetterwissen: Weltweiter Hageltrend 77
Typische Wetterlagen 78
Wetterkalender 79
Monatsthema: Marine Hitzewellen 84

Juli — 87
Wetter und Natur: Der Flug der Nachtfalter ... 88
Wetterwissen: Böenfronten und Shelfclouds ... 89
Typische Wetterlagen ... 90
Wetterkalender ... 91
Monatsthema: Wetterfühlige Vulkane ... 96

August — 101
Wetter und Natur: Tückischer Sandbüchsenbaum ... 102
Wetterwissen: Hurriquake in Kalifornien ... 103
Typische Wetterlagen ... 104
Wetterkalender ... 105
Monatsthema: Die persischen Qanate ... 110

September — 113
Wetter und Natur: Schwimmende Gärten ... 114
Wetterwissen: Ungewöhnlich großes Ozonloch ... 115
Typische Wetterlagen ... 116
Wetterkalender ... 116
Monatsthema: Sintflut am Mittelmeer ... 122

Oktober — 125
Wetter und Natur: Amerikanische Zitterpappeln ... 126
Wetterwissen: Rekordhochwasser an der Ostsee ... 127
Typische Wetterlagen ... 128
Wetterkalender ... 129
Monatsthema: Mondregenbögen ... 134

November — 137
Wetter und Natur: Erholungsphase im Great Barrier Reef ... 138
Wetterwissen: Smog in Indien ... 139
Typische Wetterlagen ... 140
Wetterkalender ... 141
Monatsthema: Klingende Äolsharfen ... 146

Dezember — 149
Wetter und Natur: Ein spezieller Weihnachtsbaum ... 150
Wetterwissen: Ballonwetter ... 151
Typische Wetterlagen ... 152
Wetterkalender ... 152
Monatsthema: Wolken auf dem Mars ... 158

Service — 161
Register — 174

INHALT

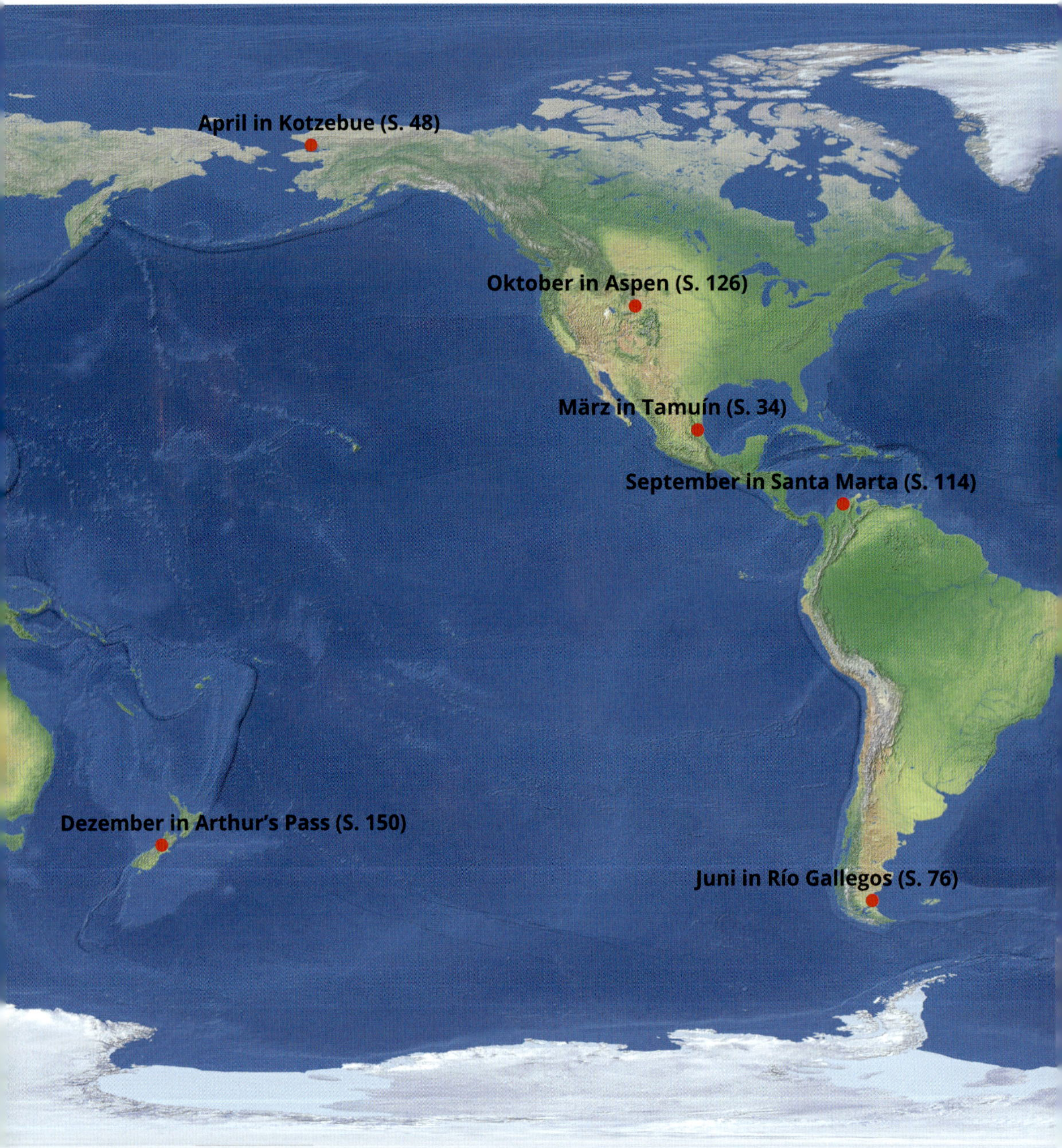

Wetter- und Klimainfos für ausgewählte Orte, z. B. Tamuín (S. 34): In der mexikanischen Stadt kann es im März 47 °C heiß, aber auch 3 °C kalt werden. Río Gallegos (S. 76) liegt im Süden Argentiniens am Rande der Westwindzone rings um die Antarktis und gehört zu den weltweit windigsten Städten.

Saragossa (S. 102): Der Cierzo macht die Sommerhitze im Ebrotal erträglicher. Phnom Penh (S. 138): Zum Ende der Regenzeit findet dort das dreitägige Bon Om Touk („Wasserfest“) statt, das wichtigste Fest Kambodschas.

Das Wetterjahr

Abwechslungsreich wie das Wetter soll auch die neue Wetterjahr-Ausgabe sein. In verschiedenen Rubriken geht es um eine Vielzahl von Informationen rund um das Wetter und seine Auswirkungen auf Natur und Umwelt. Für jeden Monat des Jahres werden außerdem typische Wetterlagen vorgestellt, der anschließende Wetterkalender (mehr dazu auf den nächsten Seiten) ist garniert mit außergewöhnlichen Wetterereignissen, kommentierten Wetterregeln und meteorologischen „Spezialitäten". Im Service-Teil am Ende des Buchs sind zahlreiche Tabellen und Infos aufbereitet, unter anderem über Pollenflug, Biowetter und UV-Index. Zu den Themen im Wetterjahr finden Sie im Internet unter www.wetterjahr.de Tipps der Autoren zum Weiterlesen. Dort gibt es auch empfehlenswerte Internetadressen für alle Wetterinteressierten und weitere Informationen.

In dieser Ausgabe unter anderem

Monatsthema (Februar, ab S. 30):
Wassermangel im Panamakanal

Wetterkalender (April, S. 55):
Valborgsmässafton

Wetter und Natur (Juni, S. 76):
Temperaturabhängiger Reisanbau

Wetterwissen (Oktober, S. 127):
Rekordhochwasser an der Ostsee

Der Wetterkalender

Ist das aktuelle Wetter ungewöhnlich? Welche Temperaturen wären gerade normal? Der Wetterkalender zeigt für sieben deutsche Städte, welche Tiefst- und Höchsttemperaturen in der jeweiligen Woche im Mittel zu erwarten sind und welche Extremwerte in den letzten Jahren gemessen wurden. Die Städte (Hamburg, Berlin, Düsseldorf, Erfurt, Frankfurt/M., Stuttgart, Augsburg) sind so ausgewählt, dass sie die unterschiedlichen Wetterregionen Deutschlands repräsentieren. Beispielsweise können die Messwerte von Augsburg auch für München als Richtwert verwendet werden. Die Temperaturangaben beziehen sich in dieser Wetterjahr-Ausgabe auf den dreißigjährigen Zeitraum 1993 bis 2022. Ein Beispiel (siehe Grafik unten): Am 1. November 2024 ist für Frankfurt eine mittlere Tiefsttemperatur von 5,4 °C und eine mittlere Höchsttemperatur von 12,6 °C vermerkt. Diese Werte gelten für die gesamte Kalenderwoche und wurden aus allen Messungen vom 28. Oktober bis 3. November der Jahre 1993 bis 2022 errechnet. Die tiefste Temperatur gab es in diesem Zeitraum im Jahr 2012, damals kühlte es in Frankfurt bis auf -5,0 °C ab. Am wärmsten war es dagegen im Jahr 2020, als ein Höchstwert von 22,6 °C gemessen wurde.

Im Wetterkalender ist Platz für eigene Wetterbeobachtungen (z. B. Temperatur, Wolken, Wind, Niederschlag, Gewitter) und für Naturbeobachtungen (z. B. Beginn der natürlichen Jahreszeiten, siehe Tabelle auf S. 166). Dabei benötigen Sie kein meteorologisches Fachwissen und auch keine speziellen Messgeräte. Die Eintragungen können als Gedächtnisstütze dienen, beispielsweise wenn Sie ein Jahr später wissen wollen, wann im letzten Winter Schnee gelegen hat oder wann im letzten Frühjahr der erste Flieder geblüht hat. Sie werden erstaunt sein, wie groß die Schwankungen von Jahr zu Jahr sind und wie ungenau sich manche Ereignisse in die Erinnerung einprägen.

Temperaturangaben für die jeweilige Woche, ermittelt aus den Messwerten von 1993 bis 2022: mittleres Minimum und Maximum, Extremwerte

Aufgang und Untergang von Sonne und Mond im Raum Würzburg-Schweinfurt (in MEZ bzw. MESZ; „U" steht für Untergang, „A" für Aufgang)

Hinweise

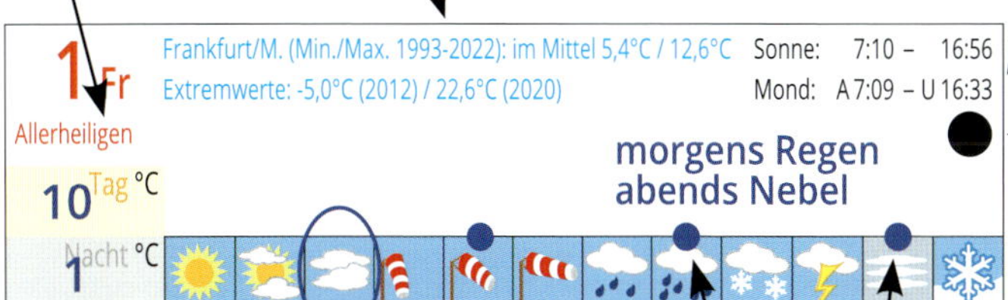

Mondphasen
- ● Neumond
- ◐ Halbmond (zunehmend)
- ○ Vollmond
- ◑ Halbmond (abnehmend)

Wettersymbole markieren oder ankreuzen

Temperaturen eintragen (Tag/Nacht)

zusätzliche Beobachtungen eintragen

Am besten eignet sich für Wetterbeobachtungen der Nachmittag. Im Tagesverlauf können sich natürlich auch mehrere interessante Ereignisse ergeben.

Für die Angabe der **Temperatur** gibt es mehrere Möglichkeiten: Entweder Sie haben ein Außenthermometer an einem schattigen Platz oder Sie schätzen die Temperatur, z. B. mit Hilfe der Temperaturvorhersage in der Wetterprognose. Die Temperaturen können auch exakte Messwerte (beispielsweise eines Thermometers mit Maximum- und Minimumspeicher) sein, müssen es aber nicht.

Die drei **Wolkensymbole** bedeuten:

- wolkenlos oder nur wenige Wolken,
- zahlreiche Wolken am Himmel,
- bedeckt, allenfalls ein paar Wolkenlücken.

Für die **Windstärke** sind drei Abstufungen zum Markieren vorgesehen:

- Windstille oder leichter Wind (0 bis 20 km/h, Wind nur leicht spürbar),
- mäßiger Wind (20 bis 40 km/h, Wind deutlich wahrnehmbar),
- starker Wind (mehr als 40 km/h, Gehen gegen den Wind zunehmend erschwert).

Für den **Niederschlag** gibt es Symbole für leichten Regen, mäßigen bis starken Regen und Schneefall. Zusätzlich kann vermerkt werden, ob es sich um länger anhaltenden Niederschlag oder um einen oder mehrere Schauer handelt.

Besondere Ereignisse sind Gewitter, Nebel oder eine Schneedecke. Ein Gewittertag ist ein Tag, an dem man mindestens einen Donner gehört hat, egal aus welcher Entfernung (in der Regel sind es maximal 20 km). Gibt es nur Wetterleuchten, handelt es sich um keinen „offiziellen" Gewittertag.

Weitere **eigene Beobachtungen** können sein: starker Schneefall, Schneehöhe, Luftfeuchte (z. B. schwüle Luft), Windrichtung, besonders starker Wind, Luftdruck oder Luftdruckänderung sowie Eintrittstermine von Blüte, Reife oder Laubfall. Da die Pflanzenentwicklung je nach Standort stark variiert, empfiehlt es sich, bei Naturbeobachtungen auch den Beobachtungsort anzugeben.

Die täglich angegebenen **Aufgangs- und Untergangszeiten von Sonne und Mond** beziehen sich auf den Raum Würzburg-Schweinfurt (50 Grad nördliche Breite, 10 Grad östliche Länge). Für die Sonnenzeiten finden Sie auf S. 172/173 monatliche Übersichtskarten für ganz Mitteleuropa. Anhand dieser Karten kann man auch für jeden Monat einen Korrekturwert für den eigenen Standort bestimmen.

Wettersymbole im Überblick

Bewölkung			Windstärke			Niederschlag			besondere Ereignisse		
sonnig	wolkig	(fast) bedeckt	schwach	mäßig	stark	Regen leicht	Regen mäßig bis stark	Schnee	Gewitter	Nebel	Schneehöhe

Bei ihrer Entdeckung im Jahr 1419 war die Insel Madeira vollständig bewaldet, daher wurde sie nach dem portugiesischen Wort für Holz benannt. Heute sind noch rund 20 Prozent der Insel mit Wald bedeckt. Das Foto oben entstand im mystischen „Feenwald" Fanal im Nordwesten von Madeira. Der Lorbeerwald, auch Laurisilva genannt, besteht aus Jahrhunderte alten moosüberwachsenen Bäumen und ist das größte Waldgebiet dieser Art auf Madeira. Bedingt durch den Nebelniederschlag ist die Gegend dort sehr feucht. Der Lorbeerwald weist subtropische Pflanzenarten auf, die im klimatisch wärmeren Tertiär auch in Europa heimisch waren, dann aber während der Eiszeiten verschwanden. Einige Arten mit schweren, nicht flugfähigen Samen fehlen allerdings wie Eichen, Magnoliengewächse oder Walnussbäume.

1

Wetter und Natur

Langlebiger Grönlandhai

Grönlandhaie, auch Eishaie genannt, sind nicht nur perfekt an ihren kalten Lebensraum in den arktischen Gewässern angepasst, sie besitzen auch mit durchschnittlich 272 Jahren die höchste Lebenserwartung aller Wirbeltiere. Der bislang älteste untersuchte Grönlandhai könnte sogar rund 500 Jahre alt gewesen sein. Dieses hohe Alter wird durch einen stark verlangsamten Stoffwechsel ermöglicht, der wiederum durch die kalte Umgebung und entsprechend niedrige Körpertemperatur begünstigt wird. Grönlandhaie leben meist in Tiefen von bis zu 2000 Metern, vor allem im Winter halten sie sich aber auch näher an der Oberfläche auf. Sie wachsen sehr langsam, ihre durchschnittliche Länge von 4 bis 5 Metern erreichen sie ebenso wie die Geschlechtsreife erst mit etwa 150 Jahren. Sie bewegen sich nur mit einer Geschwindigkeit von rund 1,2 km/h, schaffen es aber trotzdem, die deutlich schnelleren Robben zu erbeuten. Man vermutet, dass diese während des Schlafes überrascht werden. Vor den Folgen der eisigen Kälte sind Grönlandhaie durch eine Art natürliches Frostschutzmittel (Trimethylaminoxid) geschützt, das die Vereisung von Gewebezellen verhindert. Dieser Stoff führt dazu, dass das Fleisch des Grönlandhais giftig ist. Erst durch eine lange Lagerungszeit wird es überhaupt essbar und gilt trotz des etwas strengen Geschmacks in Island als Delikatesse, bekannt unter dem Namen Hákarl.

Die meisten Grönlandhaie leben im Eismeer vor den Küsten von Grönland, Kanada, Norwegen und Spitzbergen.

Januar in Ratzeburg

Ratzeburg (53° 42' N, 10° 46' O) liegt im Südosten von Schleswig-Holstein. Die Altstadt befindet sich auf einer Insel im Ratzeburger See und ist über drei Dämme mit dem Festland verbunden. Im Dezember und Januar gibt es dort wenig Sonnenschein mit durchschnittlich nur einer Sonnenstunde pro Tag. Die mittleren Höchstwerte erreichen im Januar 4 °C, die Tiefstwerte -1 °C. Oft sorgt relativ milde Meeresluft für mehr Regen als Schnee, aber in kontinentaler Kaltluft können die Temperaturen unter -10 °C und in Einzelfällen auch unter -20 °C sinken. Der meiste Schnee fällt, wenn sich bei einer entsprechenden Wetterlage Schneeschauer über der Feuchtequelle Ostsee verstärken und dann im Nordostwind landeinwärts ziehen. Diese sogenannten Lake-Effect-Ereignisse bringen häufig mehr als 10 cm Schnee, gelegentlich auch deutlich mehr. Außergewöhnlich war die Situation ab dem 9. Januar 1987 als in Ratzeburg bis zu 100 cm Schnee fielen.

Wetterwissen

Arktischer Regen im Winter

Im 20. Jahrhundert gab es in der Arktis eine Zunahme der Niederschläge um etwa acht Prozent, größtenteils als Regen. Im Herbst und Winter war der Anstieg dabei am stärksten ausgeprägt. Die Niederschlagstrends sind jedoch örtlich sehr unterschiedlich und die Messungen noch recht ungenau. Der Trend zu mehr Niederschlag soll sich nach den Prognosen in den nächsten Jahrzehnten fortsetzen. Außerdem kommt es während der Herbst- und Wintermonate häufiger zu sogenannten „Regen-auf-Schnee-Ereignissen". Die Wetterverhältnisse sind wegen der unterschiedlichen Land-Meer-Verteilung in der winterlichen Arktis generell weniger stabil als in der Antarktis, das heißt, Tiefdruckgebiete aus niedrigeren Breiten können öfter eindringen. Bei diesen kurzen sehr milden Episoden fiel in den letzten Jahrzehnten vermehrt Regen. In Westrussland etwa nahmen die „Regen-auf-Schnee-Ereignisse" in den letzten 50 Jahren um 50 Prozent zu. Wenn Regen auf Schnee fällt und wieder gefriert, bildet sich eine harte Eiskruste, die beispielsweise für Rentiere, Karibus und Moschusochsen ernste Folgen haben kann. Entsteht eine so dicke Eisschicht, dass sie beim Graben nach Futter nicht durchstoßen werden kann, fehlt nämlich eine entscheidende Futterquelle, die unter der isolierenden Schneedecke konservierten Kräuter, Flechten und Gräser.

Wenn Regen auf eine dünne Schneedecke fällt, sammelt sich das Wasser auf dem darunterliegenden Permafrostboden. Auf einer mehr als etwa 10 cm dicken Schneedecke bilden sich dagegen Eiskrusten, die dann wieder eingeschneit werden und für die arktische Tierwelt ein großes Problem darstellen.

Typische Wetterlagen im Januar

Südwest, West: Milde Temperaturen (5 bis 12 °C) und schneller Wechsel zwischen Regenwetter und Phasen mit Wetterberuhigung. Besonders in Mittel- und Norddeutschland Durchzug von Regengebieten, dazu oft starker Wind. Nach Süden hin und in den Alpen zeitweise sonnig. Warme Luft vom Atlantik oder Mittelmeer führt manchmal zu frühlingshaften Temperaturen bis über 15 °C.

Nordwest, Nord, Tiefdrucklage über Mitteleuropa: Wechselhaftes und nasskaltes Wetter. Immer wieder Regen und Schnee bei 0 bis 5 °C, dazwischen etwas Sonne. In tiefen Lagen keine dauerhafte Schneedecke, oberhalb 500 bis 900 m teilweise viel Neuschnee. In den Wintersportregionen hofft man auf diese Wetterlage, denn dann gibt es gute Chancen für eine lange Saison.

Nordost, Ost: Bei Beginn dieser Wetterlage Schnee bis in die Tieflagen, dann immer mehr Sonne bei eisig kaltem Wind. Dauerfrost zwischen -10 und -3 °C, in klaren Nächten über Schnee Temperaturen unter -15 °C. Strenge Winter gibt es immer dann, wenn diese Situation länger anhält.

Südost, Süd, Hochdrucklage über Mitteleuropa: Im Flachland Dunst oder Hochnebel, das heißt häufig nur wenig Sonne und mäßig kalt bei -5 bis knapp über 0 °C. In den Mittelgebirgen und Alpen sonnig bei tiefblauem Himmel und guter Fernsicht, einzelne hohe Wolkenfelder. In 700 bis 1500 m mit 0 bis 7 °C wärmer als im Flachland. Fällt bei Umstellung auf Westwetter Regen durch diese warme Luft auf den gefrorenen Boden im Flachland, kommt es zu Glatteis.

Am 8. Januar 2021 lösten sich die Wolken an der Nordsee abends immer mehr auf. Dazu war es recht kalt bei wenig über 0 °C. Das Foto zeigt den Leuchtturm Westerheversand auf der Halbinsel Eiderstedt.

1 Mo
Neujahr
Hamburg (Min./Max. 1993-2022): im Mittel -0,8°C / 4,1°C
Extremwerte: -19,3°C (1997) / 15,4°C (2022)
Sonne: 8:18 – 16:28
Mond: U 11:22 – A 22:12
Tag °C
Nacht °C

2 Di
Berlin (Min./Max. 1993-2022): im Mittel -1,6°C / 3,4°C
Extremwerte: -18,9°C (2009) / 17,9°C (2022)
Sonne: 8:18 – 16:29
Mond: U 11:34 – A 23:20
Tag °C
Nacht °C

3 Mi
Erde in Sonnennähe (morgens)
Düsseldorf (Min./Max. 1993-2022): im Mittel 0,6°C / 6,0°C
Extremwerte: -20,8°C (1997) / 17,5°C (2022)
Sonne: 8:18 – 16:30
Mond: U 11:46 – A - -
Tag °C
Nacht °C

4 Do
Erfurt (Min./Max. 1993-2022): im Mittel -2,5°C / 2,8°C
Extremwerte: -20,0°C (2009) / 16,9°C (2022)
Sonne: 8:18 – 16:31
Mond: A 0:28 – U 11:57
Tag °C
Nacht °C

5 Fr
Frankfurt/M. (Min./Max. 1993-2022): im Mittel -0,3°C / 4,9°C
Extremwerte: -16,8°C (1997) / 17,6°C (2022)
Sonne: 8:17 – 16:32
Mond: A 1:38 – U 12:10
Tag °C
Nacht °C

6 Sa
Hl. Drei Könige
Stuttgart (Min./Max. 1993-2022): im Mittel -2,0°C / 4,3°C
Extremwerte: -15,9°C (1997) / 18,6°C (2022)
Sonne: 8:17 – 16:33
Mond: A 2:51 – U 12:26
Tag °C
Nacht °C

7 So
Augsburg (Min./Max. 1993-2022): im Mittel -3,1°C / 3,2°C
Extremwerte: -18,3°C (2017) / 16,8°C (2022)
Sonne: 8:17 – 16:34
Mond: A 4:08 – U 12:46
Tag °C
Nacht °C

Kältewelle in Ostasien

Zum Jahreswechsel 2020/2021 strömte kalte Luft aus Sibirien und der Mongolei weit nach Süden. Auch im tropischen Thailand war von der Kaltluft noch ein wenig zu spüren. So lag die höchste an einer thailändischen Wetterstation gemessene Temperatur am 2. Januar 2021 bei 31,8 °C. Tage mit landesweiten Temperaturen von unter 32 °C kommen dort selten vor. In Shanghai stieg die Temperatur am 29. Dezember 2020 noch auf 15,7 °C. Zum Jahreswechsel lagen die Höchstwerte nur wenig über 0 °C bei nächtlichen Tiefstwerten um -5 °C. In Seoul gab es einen Temperatursturz von 11 auf -9 °C. In den Nächten sank die Temperatur dort auf -13 °C.

Rekorde zu Beginn

Der Januar 2023 begann mit drei extrem milden Tagen und brachte an zahlreichen Orten neue Rekorde. In Freiburg wurden am Neujahrstag 19,5 °C erreicht. Am 2. Januar 2023 bedeuteten die Höchstwerte von 18,1 °C am Hohenpeißenberg und 17,0 °C in Jena (Sternwarte) jeweils neue Januar-Wärmerekorde in lange bestehenden Messreihen.

„Wenn es nicht wintert, so sommert es nicht."

Es gibt keinen Zusammenhang zwischen einem milden Winter und der Witterung im folgenden Sommer. Kühle, verregnete Sommer können also sowohl noch einem milden als auch nach einem kalten Winter auftreten. In den letzten Jahren ging der Trend in die andere Richtung: Nach milden Wintern gab es auch im Sommer mehr Wärme als im langjährigen Durchschnitt. Es könnte auch sein, dass wie bei vielen anderen Regeln landwirtschaftliche Aspekte eine Rolle spielen. Wenn in einem ungewöhnlich milden Winter beispielsweise das Wintergetreide stark austreibt, kann eine anschließende späte Frostperiode zu vermehrten Schäden führen. Das normale Sommern mit Wachstum und Ernte ist dann in Gefahr.

2012 folgte nach einem milden Januar strenger Frost im Februar. Vor allem bei Winterweizen kam es zu Frostschäden.

8 Mo
Hamburg (Min./Max. 1993-2022): im Mittel 0,7°C / 5,2°C
Extremwerte: -16,1°C (2003) / 14,3°C (2005)
Sonne: 8:17 – 16:36
Mond: A 5:28 – U 13:15
Tag °C
Nacht °C

9 Di
Berlin (Min./Max. 1993-2022): im Mittel -0,3°C / 4,3°C
Extremwerte: -14,9°C (2003) / 14,2°C (2007)
Sonne: 8:16 – 16:37
Mond: A 6:46 – U 13:56
Tag °C
Nacht °C

10 Mi
Düsseldorf (Min./Max. 1993-2022): im Mittel 1,2°C / 6,7°C
Extremwerte: -15,7°C (2009) / 16,4°C (1993)
Sonne: 8:16 – 16:38
Mond: A 7:57 – U 14:55
Tag °C
Nacht °C

11 Do
Erfurt (Min./Max. 1993-2022): im Mittel -1,9°C / 3,5°C
Extremwerte: -17,4°C (2003) / 14,1°C (2015)
Sonne: 8:15 – 16:40
Mond: A 8:52 – U 16:12
Tag °C
Nacht °C

12 Fr
Frankfurt/M. (Min./Max. 1993-2022): im Mittel -0,2°C / 5,3°C
Extremwerte: -15,6°C (2009) / 15,9°C (2015)
Sonne: 8:15 – 16:41
Mond: A 9:32 – U 17:41
Tag °C
Nacht °C

13 Sa
Stuttgart (Min./Max. 1993-2022): im Mittel -2,0°C / 4,9°C
Extremwerte: -14,9°C (2009) / 15,6°C (1993)
Sonne: 8:14 – 16:42
Mond: A 10:01 – U 19:12
Tag °C
Nacht °C

14 So
Augsburg (Min./Max. 1993-2022): im Mittel -2,6°C / 3,3°C
Extremwerte: -17,0°C (2003) / 16,6°C (1993)
Sonne: 8:13 – 16:44
Mond: A 10:21 – U 20:42
Tag °C
Nacht °C

15 Mo
Hamburg (Min./Max. 1993-2022): im Mittel 0,1°C / 4,7°C
Extremwerte: -9,7°C (2013) / 13,9°C (2020)
Sonne: 8:13 – 16:45
Mond: A 10:38 – U 22:08
Tag °C
Nacht °C

16 Di
Berlin (Min./Max. 1993-2022): im Mittel -0,7°C / 4,0°C
Extremwerte: -10,2°C (2016) / 14,0°C (2020)
Sonne: 8:12 – 16:47
Mond: A 10:53 – U 23:31
Tag °C
Nacht °C

17 Mi
Düsseldorf (Min./Max. 1993-2022): im Mittel 0,9°C / 6,3°C
Extremwerte: -8,7°C (2001) / 14,5°C (1993)
Sonne: 8:11 – 16:48
Mond: A 11:07 – U - -
Tag °C
Nacht °C

18 Do
Erfurt (Min./Max. 1993-2022): im Mittel -2,2°C / 3,2°C
Extremwerte: -17,2°C (2016) / 13,5°C (2007)
Sonne: 8:10 – 16:50
Mond: U 0:54 – A 11:23
Tag °C
Nacht °C

19 Fr
Frankfurt/M. (Min./Max. 1993-2022): im Mittel -0,6°C / 4,9°C
Extremwerte: -14,3°C (1997) / 14,3°C (2007)
Sonne: 8:09 – 16:51
Mond: U 2:15 – A 11:41
Tag °C
Nacht °C

20 Sa
Stuttgart (Min./Max. 1993-2022): im Mittel -2,2°C / 4,4°C
Extremwerte: -13,8°C (2006) / 14,3°C (1993)
Sonne: 8:08 – 16:53
Mond: U 3:37 – A 12:04
Tag °C
Nacht °C

21 So
Augsburg (Min./Max. 1993-2022): im Mittel -3,7°C / 2,9°C
Extremwerte: -16,3°C (2017) / 13,9°C (2007)
Sonne: 8:07 – 16:54
Mond: U 4:56 – A 12:34
Tag °C
Nacht °C

Seltene Niederschläge

Am 21. Januar 2020 überraschte die Wettervorhersage für Miami mit der Warnung vor herabfallenden Leguanen. Zu dieser Zeit war es in Florida ungewöhnlich kalt mit Temperaturen bis knapp unter 0 °C. So konnten die wechselwarmen Tiere ihre Körpertemperatur nicht mehr regulieren und fielen in eine Art Kältestarre, die mit einer Betäubung gleichzusetzen ist. Dabei besteht die Gefahr, dass sie sich nicht mehr auf ihren Schlafplätzen in den Bäumen halten können und abstürzen. Auch wenn sie tot wirken und regungslos auf dem Rücken liegen, der Kälteschock ist nur vorübergehend. Sie kommen wieder zu Bewusstsein, sobald sich ihr Körper auf mindestens 10 °C erwärmt hat.

Leguane verändern in der Kälte ihre Farbe, von einem hellen Grün zu einem eher gräulichen Farbton, und senken ihre Augen.

Wetter und Garten

Ab Ende Januar können Artischocken ausgesät und anschließend auf der Fensterbank vorgezogen werden. Damit sie besser keimen, weicht man die Samen einen Tag vor der Aussaat in warmem Wasser ein. Bei 18 bis 23 °C erfolgt die Keimung nach zwei bis drei Wochen. Vor dem Auspflanzen im Mai sollten die Jungpflanzen etwas abgehärtet werden. Mit dem Zeitvorsprung können sie dann kräftig wachsen und Blüten ansetzen.

Zyklon in Mosambik

Nachdem der Zyklon „Eloise" am 19. Januar 2021 den Norden Madagaskars überquert hatte, verstärkte er sich erneut und traf am 23. Januar nahe Beira auf die Küste von Mosambik. Der niedrigste Luftdruck wurde mit 967 hPa angegeben, die höchste einminütige Windgeschwindigkeit mit 165 km/h. Es fielen bis über 150 mm Regen mit entsprechenden Überflutungen rund um Beira. Die Auswirkungen waren aber nicht so verheerend wie beim Zyklon „Idai" im März 2019, der Regenmengen bis über 400 mm und Windgeschwindigkeiten bis über 200 km/h brachte.

22 Mo
Hamburg (Min./Max. 1993-2022): im Mittel -1,3°C / 3,5°C
Extremwerte: -16,5°C (2010) / 13,5°C (2018)
Sonne: 8:06 – 16:56
Mond: U 6:08 – A 13:16
Tag °C
Nacht °C

23 Di
Berlin (Min./Max. 1993-2022): im Mittel -2,4°C / 2,7°C
Extremwerte: -18,1°C (2006) / 14,9°C (2002)
Sonne: 8:05 – 16:58
Mond: U 7:09 – A 14:09
Tag °C
Nacht °C

24 Mi
Düsseldorf (Min./Max. 1993-2022): im Mittel 0,0°C / 5,5°C
Extremwerte: -13,2°C (2010) / 14,6°C (2018)
Sonne: 8:04 – 16:59
Mond: U 7:56 – A 15:14
Tag °C
Nacht °C

25 Do
Erfurt (Min./Max. 1993-2022): im Mittel -3,0°C / 2,0°C
Extremwerte: -17,2°C (2010) / 13,5°C (2002)
Sonne: 8:03 – 17:01
Mond: U 8:30 – A 16:25
Tag °C
Nacht °C

26 Fr
Frankfurt/M. (Min./Max. 1993-2022): im Mittel -0,8°C / 4,6°C
Extremwerte: -12,8°C (2017) / 14,1°C (2002)
Sonne: 8:02 – 17:03
Mond: U 8:55 – A 17:38
Tag °C
Nacht °C

27 Sa
Stuttgart (Min./Max. 1993-2022): im Mittel -2,3°C / 4,1°C
Extremwerte: -14,5°C (2000) / 16,0°C (2016)
Sonne: 8:01 – 17:04
Mond: U 9:14 – A 18:49
Tag °C
Nacht °C

28 So
Augsburg (Min./Max. 1993-2022): im Mittel -3,5°C / 2,6°C
Extremwerte: -20,4°C (2000) / 14,1°C (2002)
Sonne: 7:59 – 17:06
Mond: U 9:29 – A 19:59
Tag °C
Nacht °C

29 Mo Hamburg (Min./Max. 1993-2022): im Mittel -0,8°C / 4,3°C
Extremwerte: -15,0°C (2012) / 16,1°C (2002)
Sonne: 7:58 – 17:08
Mond: U 9:41 – A 21:07

Tag °C

Nacht °C

30 Di Berlin (Min./Max. 1993-2022): im Mittel -1,2°C / 3,9°C
Extremwerte: -15,0°C (2012) / 16,5°C (2002)
Sonne: 7:57 – 17:09
Mond: U 9:52 – A 22:15

Tag °C

Nacht °C

31 Mi Düsseldorf (Min./Max. 1993-2022): im Mittel 0,6°C / 6,2°C
Extremwerte: -13,8°C (2012) / 17,2°C (2002)
Sonne: 7:55 – 17:11
Mond: U 10:04 – A 23:23

Tag °C

Nacht °C

Land unter in Auckland

Am 27. Januar 2023 gab es auf der Nordinsel von Neuseeland ungewöhnlich große Regenmengen. Insbesondere rund um Auckland fiel so viel Regen, wie sonst im gesamten Sommer. An der Station im Albert Park wurden 261,8 mm gemessen. Zahlreiche Straßen sahen aus wie im Bild unten. Der bisherige Rekord für eine 24-stündige Niederschlagsmenge lag dort bei 161,8 mm und stammt vom 17. Februar 1985.

Monatsthema

Schreiende Wolken

„Ich ging mit zwei Freunden die Straße entlang - dann ging die Sonne unter. Der Himmel wurde plötzlich blutrot, und ich fühlte einen Schauer von Traurigkeit. Einen drückenden Schmerz in meiner Brust. Ich hielt an, lehnte mich an einen Zaun, denn ich war todmüde. Über dem blauschwarzen Fjord und der Stadt lag Blut in Feuerzungen. Meine Freunde gingen weiter - und ich wurde zitternd vor Angst zurückgelassen. Und ich fühlte, dass ein gewaltiger unendlicher Schrei durch die Natur ging." So beschrieb der norwegische Maler Edvard Munch jenen Zustand, den er in dem berühmten Bild „Der Schrei" im Jahr 1893 erstmals umsetzte. Hatte Munch damals in Oslo, wie Kunsttheoretiker glauben, in seinem Gemälde sein Innerstes nach außen gekehrt? Eine Angst vor dem Leben oder dem Tod? War „Der Schrei" also ein Bildnis seines Seelenzustands? Oder gab es äußere Anlässe für das Werk?

Vulkanasche am Himmel?

Solche äußeren Anlässe könnte es tatsächlich gegeben haben. Aus meteorologischer Sicht kommen mehrere Möglichkeiten in Frage. Eine gigantische Wolke aus Asche- und Aerosolpartikeln, die sich nach dem Ausbruch des indonesischen Vulkans Krakatau am 27. August 1883 um die Welt verteilte, hatte die Himmelsfarben über einige Jahre vor allem in der Dämmerung ungewöhnlich rötlich schimmern lassen (Abb. 1.1). Deshalb könnte der Maler sein „Blut in Feuerzungen" tatsächlich am Himmel gesehen haben.

Abb. 1.1: Am 7.8.2008 brach auf den Aleuten-Inseln bei Alaska der Vulkan Kasatochi aus. Die Aschewolken der Eruption breiteten sich in den folgenden Wochen über die gesamte Nordhalbkugel aus und sorgten für verbreitet auftretendes ungewöhnlich helles Purpurlicht während der Dämmerung.
Am 30. August erreichte die Asche auch Europa, so dass auch hier verbreitet Purpurlicht und Dämmerungsstrahlen beobachtet werden konnten.

Abb. 1.2: „Der Schrei" von Edvard Munch in der Fassung von 1910.

Allerdings ereignete sich der Ausbruch mehr als neun Jahre, bevor das Gemälde erstmals entstand. Außerdem passt noch eine Sache nicht ganz zum vulkanisch gefärbten Himmel als Interpretation: Munch malte dramatische rote Wellen (Abb. 1.2), aber Partikel in der Stratosphäre erzeugen eine eher gleichmäßige rötliche Färbung.

Eine neue Erklärung

Inzwischen gibt es eine weitere Erklärung: Eine besondere Wolkenart könnte sich am Himmel über Oslo gezeigt und Munch so tiefgreifend beeindruckt haben. Perlmuttwolken, die selten und wenn, dann nur im Winter in hohen Breiten in über 20 Kilometer

Abb. 1.3: Perlmuttwolken über dem isländischen Akureyri am Morgen des 21. Januar 2023.

Höhe erscheinen, ähnelten den von Munch dargestellten Himmelswellen, so die Theorie. Munchs Erschrecken lasse sich besser mit den ungewöhnlichen Perlmuttwolken erklären, denn der vulkanische Himmel wäre in jener Zeit nichts Besonderes gewesen, der Ascheschleier hielt sich nach dem Ausbruch des Vulkans schließlich mehrere Jahre. Perlmuttwolken hingegen sind ein sehr seltenes Phänomen von eindrucksvoller Farbe und Intensität (Abb. 1.3). Entsprechend starken Eindruck dürften sie bei der erstmaligen Sichtung hinterlassen. Man könnte auch von „schreienden Wolken" sprechen. Sie lassen sich nur unregelmäßig im Winter in den Polarregionen beobachten, weil sie ausschließlich bei sehr kalten Temperaturen von unter -80 °C in großen Höhen und hoher Feuchtigkeit entstehen. Die Perlmuttwolken zeigen sich am ehesten in der Nähe von Gebirgszügen, wo sich wellenförmige Luftbewegungen bis in sehr große Höhen fortsetzen können, verbunden mit Aufwinden, die die Wolkenbildung erleichtern. Allerdings halten sich in tieferen Luftschichten oft auch gleichzeitig normale Wolken, die den Blick auf die Perlmuttwolken versperren.

Vom Bild „Der Schrei" gibt es vier Ausführungen, es gilt als eines der Hauptwerke des Expressionismus. Eine Version wurde 2012 für 119,9 Millionen US-Dollar versteigert. In Zukunft werden weitere Interpretationen aus verschiedenen Fachrichtungen versucht werden. Bei der „Perlmuttwolken-Theorie" fallen jedoch erstaunliche Übereinstimmungen zwischen Natur und Kunstwerk auf.

Am 24. Februar 2022 zeigten sich über den ostenglischen Grafschaften Yorkshire und Lincolnshire eindrucksvolle Wolkentürme. Es handelte sich um die Cumulonimbus-Wolken von Schauern und einzelnen kurzen Gewittern. Für einige Stunden war die Luft sehr labil geschichtet mit einem großen Temperaturunterschied zwischen -35 °C in 5 km Höhe und rund 5 °C in Bodennähe. In den Schauern sanken die Temperaturen auf nahe 0 °C, so dass trotz der Plusgrade meist Schnee und Graupel fielen. Diese Wetterlage war aber nur von kurzer Dauer, denn mit der kräftigen Höhenströmung folgte rasch das nächste Tief, wobei es vor allem in höheren Luftschichten wieder milder wurde. Im Bereich einer Warmfront war der Himmel dann deutlich weniger fotogen mit gleichmäßig grauen Schichtwolken.

Wetter und Natur

Wärmeregulierung bei Tukanen

Zu den auffälligsten Vögeln im Tierreich gehören sicherlich die in den tropischen Regenwäldern Süd- und Mittelamerikas lebenden Tukane. Sie werden oft als Papagei bezeichnet, gehören aber zu den Spechtvögeln. Vor allem ihr riesiger, bunt gefärbter Schnabel sticht sofort ins Auge. Es gibt verschiedene Theorien über den Zweck dieses außergewöhnlichen Körperteils: Unter anderem soll er helfen, an schwer zugängliche Nahrung zu kommen, oder die Attraktivität auf mögliche Paarungspartner zu erhöhen. Durch ein ausgeklügeltes Blutzufuhrsystem dient er jedoch auch der Regulierung des Wärmehaushaltes, da die Vögel nicht schwitzen können. Sind die Außentemperaturen sehr hoch oder wenn sich der Vogel beim Fliegen erhitzt, wird mehr Blut in den Schnabel gepumpt, der sich daraufhin erwärmt. Auf diese Weise kann nach dem Prinzip eines Wärmetauschers überschüssige Wärme an die Umgebung abgegeben werden. Bei kühleren Außentemperaturen oder wenn der Vogel schläft, wird hingegen die Blutzufuhr gedrosselt, so dass die Wärme im Körper verbleibt.

Tukane sind auffällig und im Regenwald trotzdem gut getarnt. Raubtiere verwechseln sie nämlich mit bunten Blüten oder Früchten und erkennen sie nicht als mögliche Beute.

Februar in Ifrane

Ifrane (33° 32' N, 5° 7' W) liegt im marokkanischen Atlasgebirge auf einer Höhe von 1650 m. Durch die bewaldete Berglandschaft und die während der französischen Protektoratszeit in Mode gekommenen Satteldächer der Häuser hat die Kleinstadt ein beinahe europäisches Aussehen. Nahe Ifrane befinden sich die erloschenen Vulkane Jbel Mischliffen (2036 m) und Jbel Hebri (2104 m). Sie sind die wichtigsten Skigebiete im Hohen Atlas. In Ifrane gibt es im Winterhalbjahr regelmäßige Niederschläge mit durchschnittlichen Monatsmengen von über 100 mm. Die mittleren Höchstwerte liegen bei 10 °C, die Tiefstwerte um 0 °C. Gelegentlich kommt Winterwetter mit Schnee und Frost bis unter -10 °C vor. Hier wurde am 11. Februar 1935 mit -23,9 °C die bisher tiefste Temperatur Afrikas gemessen. Dank seiner Höhenlage bleibt die Sommerhitze in Ifrane erträglicher als in anderen Teilen von Marokko. Daher gilt Ifrane auch als beliebte Sommerfrische.

Wetterwissen

Atmosphärische Gezeiten

Die Schwerkraft des Mondes wirkt zwar auf die Atmosphäre genauso wie auf den Ozean, aber ihr Einfluss ist vernachlässigbar gering. Allerdings entstehen in der Atmosphäre aufgrund der regelmäßigen Schwankung der einfallenden Sonnenstrahlung Wellen, die sich mit Ebbe und Flut vergleichen lassen. Für diese Gezeitenschwankungen verantwortlich ist vor allem die Wärmequelle, die durch die fast vollständige Absorption der kurzwelligen UV-Strahlung innerhalb der Ozonschicht entsteht. Die Erwärmung der Ozonschicht tagsüber und die anschließende Abkühlung in der Nacht führen zu Veränderungen in der Dichte der Atmosphäre. Dadurch werden Wellen erzeugt, die sich nach unten zur Erdoberfläche hin ausbreiten und sich mit der gleichen Geschwindigkeit um den Globus bewegen, wie sich die Sonne über den Himmel zu bewegen scheint.
Da diese Wellen an den Lauf der Sonne gekoppelt sind, bedeutet das, dass die entsprechenden atmosphärischen Luftdruckschwankungen (vergleichbar mit Ebbe und Flut in den Ozeanen) an einem bestimmten Ort regelmäßig auftreten. Es stellt sich vereinfacht gesagt heraus, dass die signifikanteste Welle eine Periode von einem halben Tag hat, oder anders ausgedrückt, dass die atmosphärischen „Ebbe- und Flutwellen" (niedrigerer und höherer Luftdruck) zweimal pro Tag auftreten. Diese Schwankungen lassen sich am besten in tropischen Breitengraden beobachten, während sie in den mittleren und höheren Breitengraden nur schwer auszumachen sind. Hierfür gibt es zwei Gründe. Erstens ist die Sonneneinstrahlung pro Flächeneinheit in den tropischen Breiten größer, so dass der Antrieb für die Gezeitenbewegungen in diesen Gebieten stärker ist. Zweitens überlagern stärker ausgeprägte Druckgebilde in den höheren Breiten häufig die durch atmosphärische Gezeiten verursachten Druckschwankungen. In den Tropen hingegen sind signifikante Druckgebilde mit Ausnahme der Passage tropischer Stürme selten. Dort auftretende Druckschwankungen sind demnach weitgehend auf die atmosphärischen Gezeiten zurückzuführen.

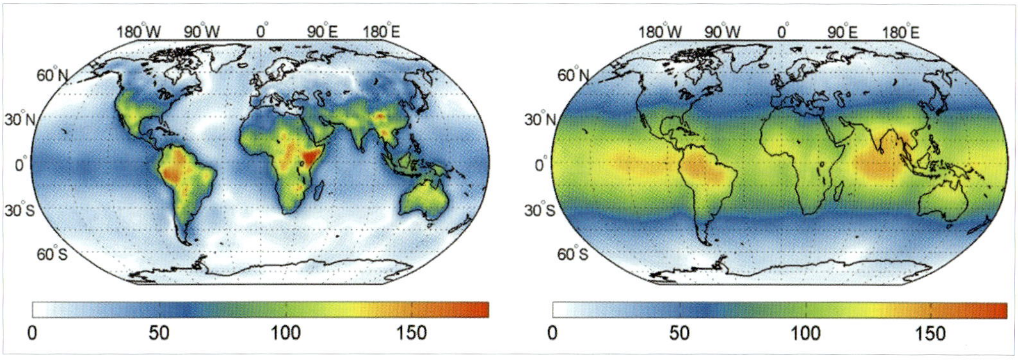

Die Grafiken zeigen die Stärke und geografische Verteilung der regelmäßigen Luftdruckschwankungen in der Atmosphäre (links tägliche, rechts halbtägige Schwankungen). Die Werte sind in der Einheit Pascal angegeben (100 Pa = 1 hPa).

Typische Wetterlagen im Februar

Südwest, West: Milde Temperaturen (6 bis 13 °C) und Wechsel zwischen regnerischem Wetter und Phasen mit Wetterberuhigung. Besonders in Mittel- und Norddeutschland Durchzug von Regengebieten, dazu oft starker Wind. Nach Süden hin und in den Alpen zeitweise sonnig. In Warmluft aus Südwesten manchmal frühlingshafte Temperaturen über 15 °C.

Nordwest, Nord, Tiefdrucklage über Mitteleuropa: Nasskaltes Wetter, immer wieder Regen und Schnee bei 0 bis 6 °C, dazwischen etwas Sonne. Oberhalb 600 bis 1000 m teilweise viel Neuschnee, im Flachland keine dauerhafte Schneedecke.

Nordost, Ost: Bei Beginn dieser Wetterlage einsetzender Temperaturrückgang und Schnee bis in die Tieflagen. Dann immer mehr Sonne bei eisig kaltem Wind. Dauerfrost zwischen -10 und -3 °C, in klaren Nächten über Schnee unter -15 °C.

Südost, Süd, Hochdrucklage über Mitteleuropa: Einzelne Nebelfelder, sonst viel Sonne und nur wenige Wolken. Tagsüber -3 bis 2 °C (Monatsanfang) bzw. 1 bis 8 °C (Monatsende). Auch in mittleren Höhenlagen bis 1500 m ähnliche Temperaturen. Nachts vor allem in Ost- und Süddeutschland sowie im Alpenraum leichter Frost um -3 °C, über Schnee örtlich unter -10 °C.

Am 26. Februar 2023 wehte kalter Nordostwind. In Alpennähe gab es stürmische Böen und auf dem Bodensee hatten die Wellen Schaumkronen wie hier bei Horn auf der Schweizer Seite.

1 Do Erfurt (Min./Max. 1993-2022): im Mittel -2,7°C / 3,0°C
Extremwerte: -20,0°C (1993) / 17,5°C (2002)
Sonne: 7:54 – 17:13
Mond: U 10:15 – A - -
Tag °C
Nacht °C

2 Fr Frankfurt/M. (Min./Max. 1993-2022): im Mittel -0,5°C / 5,5°C
Extremwerte: -13,0°C (2012) / 17,2°C (2002)
Sonne: 7:52 – 17:14
Mond: A 0:34 – U 10:29
Tag °C
Nacht °C

3 Sa Stuttgart (Min./Max. 1993-2022): im Mittel -1,7°C / 4,9°C
Extremwerte: -15,1°C (2012) / 17,0°C (2002)
Sonne: 7:51 – 17:16
Mond: A 1:47 – U 10:57
◑
Tag °C
Nacht °C

4 So Augsburg (Min./Max. 1993-2022): im Mittel -3,1°C / 3,8°C
Extremwerte: -20,0°C (2012) / 15,5°C (2002)
Sonne: 7:49 – 17:18
Mond: A 3:04 – U 11:10
Tag °C
Nacht °C

Nomen est omen

Der Reifträger (polnisch Szrenica, tschechisch Jínonoš) ist ein markanter Berg im Hauptkamm des Riesengebirges. Da die Grenze zwischen Polen und Tschechien hier etwas südlich des Hauptkamms verläuft, liegt der Gipfel auf polnischem Gebiet. An seinen Abhängen finden sich interessante Felsformationen wie die Pferdekopfsteine (Końskie Łby) und die Sausteine (Trzy Świnki). Das Bild zeigt die Reifträgerbaude (Schronisko na Szrenicy) auf dem 1362 m hohen Gipfel. Daneben gibt es auch eine Wetterstation. Im Winter ist es dort oft neblig und stürmisch mit dicken Reifablagerungen.

Wetter und Garten

Ewiger Kohl wird auch als Baumkohl bezeichnet und hat seinen Ursprung in Belgien. Diese Kohlsorte wurde so gezüchtet, dass sie nie blüht. Die Vermehrung erfolgt daher nicht durch Aussaat, sondern durch Stecklinge. Ewiger Kohl wächst wie ein Baum und bildet bei Rückschnitt strauchartig neue Triebe aus. Er kann nach einigen Jahren eine Wuchshöhe von über 50 cm erreichen. Erntezeit ist das ganze Jahr über, wobei die Blätter im Winter nach den ersten Frösten ein feineres Aroma bekommen. Ewiger Kohl verträgt zwar sommerliche Trockenperioden gut, bildet dann aber ohne Bewässerung kleinere Blätter aus und das Wachstum verlangsamt sich.

Ewiger Kohl gilt zwar als winterhart, doch sollten vor allem junge Pflanzen vor Frösten unter -10 °C geschützt werden.

5 Mo
Hamburg (Min./Max. 1993-2022): im Mittel -0,5°C / 4,8°C
Extremwerte: -17,7°C (2012) / 15,0°C (2004)
Sonne: 7:48 – 17:20
Mond: A 4:22 – U 11:44
Tag °C
Nacht °C

6 Di
Berlin (Min./Max. 1993-2022): im Mittel -0,9°C / 4,6°C
Extremwerte: -19,6°C (2012) / 15,3°C (2004)
Sonne: 7:46 – 17:21
Mond: A 5:36 – U 12:33
Tag °C
Nacht °C

7 Mi
Düsseldorf (Min./Max. 1993-2022): im Mittel 0,6°C / 6,8°C
Extremwerte: -13,7°C (1996) / 15,9°C (2008)
Sonne: 7:45 – 17:23
Mond: A 6:38 – U 13:40
Tag °C
Nacht °C

8 Do
Erfurt (Min./Max. 1993-2022): im Mittel -2,5°C / 3,4°C
Extremwerte: -21,4°C (2012) / 14,1°C (2001)
Sonne: 7:43 – 17:25
Mond: A 7:25 – U 15:04
Tag °C
Nacht °C

9 Fr
Frankfurt/M. (Min./Max. 1993-2022): im Mittel -0,5°C / 6,1°C
Extremwerte: -15,8°C (2012) / 16,1°C (2001)
Sonne: 7:42 – 17:26
Mond: A 7:59 – U 16:36
Tag °C
Nacht °C

10 Sa
Stuttgart (Min./Max. 1993-2022): im Mittel -1,7°C / 5,8°C
Extremwerte: -16,5°C (2012) / 18,4°C (2004)
Sonne: 7:40 – 17:28
Mond: A 8:23 – U 18:10
Tag °C
Nacht °C

11 So
Augsburg (Min./Max. 1993-2022): im Mittel -3,1°C / 4,6°C
Extremwerte: -21,9°C (2012) / 16,6°C (2004)
Sonne: 7:38 – 17:30
Mond: A 8:42 – U 19:41
Tag °C
Nacht °C

12 Mo Rosenmontag
Hamburg (Min./Max. 1993-2022): im Mittel -0,8°C / 5,2°C
Extremwerte: -14,4°C (2021) / 17,4°C (2020)
Sonne: 7:36 – 17:32
Mond: A 8:58 – U 21:09
Tag °C
Nacht °C

13 Di Fastnacht
Berlin (Min./Max. 1993-2022): im Mittel -1,0°C / 5,2°C
Extremwerte: -14,8°C (2012) / 16,7°C (2019)
Sonne: 7:35 – 17:33
Mond: A 9:13 – U 22:35
Tag °C
Nacht °C

14 Mi Aschermittwoch
Düsseldorf (Min./Max. 1993-2022): im Mittel 0,3°C / 7,3°C
Extremwerte: -13,7°C (2021) / 18,0°C (2020)
Sonne: 7:33 – 17:35
Mond: A 9:28 – U - -
Tag °C
Nacht °C

15 Do
Erfurt (Min./Max. 1993-2022): im Mittel -2,6°C / 4,0°C
Extremwerte: -22,3°C (2021) / 16,2°C (2020)
Sonne: 7:31 – 17:37
Mond: U 0:00 – A 9:45
Tag °C
Nacht °C

16 Fr
Frankfurt/M. (Min./Max. 1993-2022): im Mittel -0,6°C / 6,7°C
Extremwerte: -16,0°C (2012) / 17,9°C (2020)
Sonne: 7:29 – 17:39
Mond: U 1:24 – A 10:07
◐
Tag °C
Nacht °C

17 Sa
Stuttgart (Min./Max. 1993-2022): im Mittel -2,0°C / 5,8°C
Extremwerte: -16,6°C (2012) / 18,7°C (2020)
Sonne: 7:27 – 17:40
Mond: U 2:46 – A 10:35
Tag °C
Nacht °C

18 So
Augsburg (Min./Max. 1993-2022): im Mittel -3,5°C / 4,4°C
Extremwerte: -22,1°C (2012) / 17,1°C (2019)
Sonne: 7:26 – 17:42
Mond: U 4:01 – A 11:13
Tag °C
Nacht °C

Schneearmer Winter

Im Winter 2022/2023 fiel sowohl in den Nordalpen als auch in den Südalpen kaum Niederschlag und es war sehr mild. An allen Schweizer Messpunkten lag deutlich weniger Schnee als üblich. In der ersten Februarhälfte waren die oberhalb von 1000 m gemessenen Schneehöhen meistens noch etwas höher als in den schneearmen Wintern 1964, 1990 oder 2007. In der zweiten Februarhälfte aber sanken die Schneehöhen auf neue Rekorde und betrugen nur rund 30 Prozent des langjährigen Mittels. Auch oberhalb von 2000 m Höhe zeigten mehr als die Hälfte der automatischen Stationen mit mindestens 25-jährigen Messreihen neue Rekorde.

Extremer Wetterwechsel

Am 12. Februar 2023 wurde in Buenos Aires während der achten Hitzewelle des Sommers ein Höchstwert von 38,1 °C gemessen. In den folgenden Tagen setzte sich jedoch Kaltluft mit Ursprung aus der Antarktis durch. So lag am 16. Februar 2023 das Maximum nur noch bei 7,9 °C und damit so niedrig wie dort in einem Februar seit 1951 nicht mehr.

„Wenn sich die Kält' im Winter lindet, alsbald man Schnee empfindet."

Es handelt sich um eine der ältesten mitteleuropäischen Wetterregeln. Sie stammt aus dem 13. Jahrhundert und war noch in lateinischer Sprache formuliert. Sie trifft zu, wenn nach einer Kältewelle mit kontinentaler Kaltluft ein Tief weniger kalte und dafür feuchtere Luft mit Schneefällen bringt. Es könnte sich aber auch um eine aufziehende Warmfront handeln, die den Umschwung zu deutlich milderem Tauwetter einleitet. Außerdem gibt es noch die Möglichkeit einer langsamen Frostabschwächung ohne Schneefälle, wenn eine südliche Luftströmung folgt.

Niederschlagsgefahr

Die Stadtverwaltung von Neuseelands Hauptstadt Wellington rief im Februar 2023 dazu auf, nach oben zu sehen, denn es könnte Straßenlaternen regnen. Mehrere Lampenköpfe mit einem Gewicht von bis zu 15 Kilogramm waren zu Boden gefallen. Bei der Umrüstung auf LED hatte sich ein Konstruktionsfehler eingeschlichen. Glücklicherweise gab es keine Verletzten oder Sachschäden.

19 Mo
Hamburg (Min./Max. 1993-2022): im Mittel 0,1°C / 5,9°C
Extremwerte: -10,6°C (1994) / 18,9°C (2021)
Sonne: 7:24 – 17:44
Mond: U 5:06 – A 12:03
Tag °C
Nacht °C

20 Di
Berlin (Min./Max. 1993-2022): im Mittel -0,3°C / 6,0°C
Extremwerte: -12,8°C (2011) / 19,6°C (2021)
Sonne: 7:22 – 17:45
Mond: U 5:56 – A 13:04
Tag °C
Nacht °C

21 Mi
Düsseldorf (Min./Max. 1993-2022): im Mittel 1,1°C / 8,0°C
Extremwerte: -12,0°C (1994) / 20,0°C (2021)
Sonne: 7:20 – 17:47
Mond: U 6:34 – A 14:13
Tag °C
Nacht °C

22 Do
Erfurt (Min./Max. 1993-2022): im Mittel -1,7°C / 4,9°C
Extremwerte: -13,3°C (2011) / 19,0°C (2021)
Sonne: 7:18 – 17:49
Mond: U 7:00 – A 15:26
Tag °C
Nacht °C

23 Fr
Frankfurt/M. (Min./Max. 1993-2022): im Mittel 0,1°C / 7,7°C
Extremwerte: -12,5°C (1996) / 19,0°C (2021)
Sonne: 7:16 – 17:51
Mond: U 7:21 – A 16:38
Tag °C
Nacht °C

24 Sa
Stuttgart (Min./Max. 1993-2022): im Mittel -1,0°C / 7,1°C
Extremwerte: -13,6°C (1993) / 20,5°C (2008)
Sonne: 7:14 – 17:52
Mond: U 7:36 – A 17:48
Tag °C
Nacht °C

25 So
Augsburg (Min./Max. 1993-2022): im Mittel -2,4°C / 6,0°C
Extremwerte: -18,3°C (2009) / 19,1°C (2008)
Sonne: 7:12 – 17:54
Mond: U 7:49 – A 18:57
Tag °C
Nacht °C

26 Mo
Hamburg (Min./Max. 1993-2022): im Mittel -0,1°C / 6,5°C
Extremwerte: -13,1°C (2018) / 16,6°C (2019)
Sonne: 7:10 – 17:56
Mond: U 8:00 – A 20:05
Tag °C
Nacht °C

27 Di
Berlin (Min./Max. 1993-2022): im Mittel 0,0°C / 7,0°C
Extremwerte: -12,8°C (2018) / 18,9°C (1997)
Sonne: 7:08 – 17:57
Mond: U 8:11 – A 21:13
Tag °C
Nacht °C

28 Mi
Düsseldorf (Min./Max. 1993-2022): im Mittel 1,4°C / 8,6°C
Extremwerte: -11,1°C (2005) / 21,0°C (2019)
Sonne: 7:06 – 17:59
Mond: U 8:23 – A 22:22
Tag °C
Nacht °C

29 Do
Erfurt (Min./Max. 1993-2022): im Mittel -0,7°C / 6,4°C
Extremwerte: -14,9°C (2005) / 17,3°C (1997)
Sonne: 7:04 – 18:01
Mond: U 8:35 – A 23:34
Tag °C
Nacht °C

Unwetter auf Mallorca

Das Sturmtief „Juliette" richtete am 28. Februar 2023 vor allem im Osten von Mallorca schwere Verwüstungen an. Aus zahlreichen Gemeinden gab es Meldungen über umgestürzte Bäume und beschädigte Dächer. Mehrere Straßen mussten wegen Überschwemmungen oder umgestürzten Bäumen zeitweise gesperrt werden. An einigen Orten erreichten die Regenmengen über 100 mm. In Sant Llorenç des Cardassar wurde mit 165,7 mm die höchste Niederschlagsmenge innerhalb von 24 Stunden seit Beginn der Aufzeichnungen registriert. Im Bergland gab es in der Folge starke Schneefälle und Stromausfälle.

Monatsthema

Wassermangel im Panamakanal

Der Panamakanal gilt neben dem Suezkanal als eine der wichtigsten Schifffahrtsstraßen der Welt. Er verbindet den Pazifik mit dem Atlantik und erspart den Frachtschiffen die 15.000 Kilometer lange Reise um Kap Hoorn, den südlichsten Punkt Südamerikas. Doch Wassermangel führt derzeit zu langen Staus auf beiden Seiten, denn statt der üblichen 35 bis 40 Schiffe können nur noch rund 30 (und zeitweise weniger) Schiffe den Kanal passieren. Hinzu kommt, dass der Tiefgang nur 44 Fuß, also rund 13,4 Meter, betragen darf. Üblich sind 50 Fuß bzw. 15,2 Meter Tiefgang. Das führt zu Wartezeiten von teils über drei Wochen und einer Warteschlange von mehr als 200 Schiffen (Abb. 2.1).

200.000 Tonnen Wasser pro Schiff

Der 1914 fertiggestellte Panamakanal ist eine beeindruckende Ingenieursleistung, die den Pazifik mit dem Atlantik auf einer Strecke von 82 Kilometern verbindet. Bei der Kanalquerung sind drei Schleusenkomplexe zu durchlaufen, die den Höhenunterschied von 26 Metern entlang der Wasserstraße ausgleichen (Abb. 2.2). Der Betrieb der Schleusen erfordert jedoch kontinuierlichen Wassernachschub, der für jedes Schiff benötigt wird, das durch den Kanal fährt.
Im Gegensatz zu anderen bedeutenden Wasserwegen wie dem Suezkanal oder dem Nord-Ostsee-Kanal, die im Wesentlichen auf

Abb. 2.1: Schiffsstau auf der pazifischen Seite des Panamakanals. An der Küste ist die Skyline von Panama City zu erkennen.

Abb. 2.2: Blick auf eine der Schleusenanlagen mit dem Gatúnsee im Hintergrund.

Meeresspiegelniveau verlaufen, stellt der Panamakanal mit seinen vergleichsweise großen Höhendifferenzen eine besondere Herausforderung dar. Bei jeder Durchfahrt werden 200.000 Tonnen Wasser aus dem Kanal ins Meer geleitet. Dieses muss ersetzt werden, was aber nur teilweise mit Meerwasser möglich ist. Obwohl seit dem Umbau im Jahr 2016 moderne Schleusensysteme mit Speicherbecken einen Teil dieses Wassers wiederverwenden, benötigen die vergrößerten Schleusenkammern dennoch mehr Ressourcen. Die zentrale Wasserquelle des Kanals ist der Gatúnsee, ein künstliches Reservoir am höchsten Punkt der Wasserstraße. Der Betrieb des gesamten Kanals ist eng mit dem Wasserstand dieses Sees verbunden, der ausschließlich durch Regenwasser gespeist wird (Abb. 2.3).

Angesichts des enormen Wasserbedarfs des Panamakanals bleibt die Dürreperiode in der Region nicht ohne Folgen. In Panama fiel 2023 zum Teil nur die Hälfte der üblichen Niederschlagsmenge und damit so wenig Regen wie nur selten seit Beginn der Wetteraufzeichnungen vor 143 Jahren. Das hatte zur Folge, dass der Wasserspiegel des Gatúnsees auch während der Regenzeit von Mai bis Dezember deutlich niedriger als üblich blieb. Es wäre jedoch ein Missverständnis, Panama als trockenes Land zu betrachten. Tatsächlich gehört es zu den fünf regenreichsten Ländern der Welt. Selbst wenn, wie derzeit in einigen Regionen, die Hälfte des Jahresniederschlags ausbleibt, liegt die Regenmenge immer noch 50 Prozent über dem deutschen Durchschnitt. Damit gilt die Wasserversorgung der gut vier Millionen

Abb. 2.3: Schiffsverkehr auf dem Gatúnsee. Auch hier gibt es Wartezeiten vor den Schleusenanlagen.

Einwohner als gesichert. Für den Schiffsverkehr auf dem Panamakanal reicht das Wasser jedoch nicht aus.

Ursachen

Der Wassermangel für den Panamakanal ist nicht nur das Ergebnis von Klimaschwankungen. Ein wichtiger Aspekt ist auch die fortschreitende Entwaldung in den Gebieten rund um den Gatúnsee. Der Regenwald, der normalerweise als Wasserspeicher dient und kontinuierlich Feuchtigkeit an den See abgibt, wird zunehmend abgeholzt. Dieser Waldverlust hat zwei negative Auswirkungen. Erstens führt der direkte Abfluss des Regenwassers aus den abgeholzten Gebieten dazu, dass der Wasserspiegel des Sees während der Regenzeit schnell ansteigt und manchmal gefährlich hoch wird. Ein Teil dieses Wassers muss dann abgeleitet werden und steht in der Trockenzeit nicht zur Verfügung. Zum anderen trägt der Regen Schlamm und Sedimente in den See, die langfristig sein Volumen und damit seine Speicherkapazität verringern.
Es ist zu befürchten, dass Staus am Panamakanal keine einmalige Ausnahme, sondern eher die Regel werden. Bereits 2019 und 2020 hatte es wegen einer anhaltenden Trockenheit Einschränkungen beim Kanalverkehr gegeben. Zumindest im Jahr 2024 ist mit keiner schnellen Entspannung zu rechnen, da die vorerst weiter anhaltende pazifische El Niño-Phase in Panama mit geringeren Regenmengen verbunden ist.

Der Fels von Guatapé im Süden von Kolumbien ist ein auffälliger Monolith aus Granit und hat eine Höhe von etwa 220 Metern. Die etwa 70 Millionen Jahre alte Formation wird als Rest eines Erosionsprozesses gesehen. Der Fels ist in ganz Kolumbien als Sehenswürdigkeit bekannt. Die beiden umliegenden Dörfer Guatapé und El Peñol beanspruchen die umsatzträchtige Touristenattraktion jeweils für sich und liegen deswegen seit langem im Streit. Der Berg kann über eine in einer Felsnische an der Nordseite angebrachte Treppe mit ca. 700 Stufen bestiegen werden (die Angaben variieren zwischen 650 und 740 Stufen). Auf dem Gipfel in 2135 m Meereshöhe befindet sich ein dreistöckiger Aussichtsturm, von dem aus der Blick an klaren Tagen mehrere hundert Kilometer weit reichen kann.

3

Wetter und Natur

Trinkwasser aus dem Bodensee

Aufgrund spezieller Eigenschaften spielt der Bodensee eine wichtige Rolle bei der Trinkwasserversorgung großer Teile Baden-Württembergs. Der Hauptanteil seines Zuflusses kommt aus den Alpen, wobei das Wasser größtenteils von unbesiedelten Gebieten stammt und somit kaum verunreinigt ist. Auch die Schichtung des Bodenseewassers trägt zur Trinkwasserqualität bei: Die meiste Zeit des Jahres liegen die Temperaturen des Tiefenwassers bei 4 bis 5 °C während die darüber liegenden Schichten wärmer sind. So kommt es zu keiner Durchmischung und die tiefen Wasserschichten bleiben vor Verunreinigungen geschützt. Für die Trinkwasserversorgung wird deshalb das Wasser aus 60 Metern Tiefe geholt und anschließend auf den Sipplinger Berg gepumpt, wo die endgültige Aufbereitung stattfindet. Von dort aus wird es durch die Bodensee-Wasserversorgung an 320 Gemeinden in allen Teilen Baden-Württembergs verteilt. Auf diese Weise werden etwa 4 Millionen Menschen, unter anderem auch im Schwarzwald und im Odenwald, mit Trinkwasser versorgt.

Sipplingen am Bodensee ist nicht nur für die Trinkwassergewinnung von Bedeutung, sondern auch bekannt als Fundort von Pfahlbauten aus dem Neolithikum und der Bronzezeit.

März in Tamuín

Tamuín (22° 1' N, 98° 47' W) liegt im flachen Hinterland der mexikanischen Golfküste. Die Herkunft des Namens und seine Bedeutung sind umstritten, je nach Interpretation könnten Fische, Mücken oder Bäume eine historische Rolle gespielt haben. In Tamuín können im März sehr unterschiedliche Temperaturverhältnisse herrschen. So wurden am 24. März 2021 sehr heiße 46,7 °C gemessen, das war gleichzeitig die weltweit höchste Temperatur im März 2021. Umgekehrt sind in weit nach Süden strömender arktischer Kaltluft Tiefstwerte bis zu 3 °C möglich. Im Durchschnitt liegen die Höchstwerte im März bei 31 °C, die Tiefstwerte bei 17 °C. Während die Hitze im März noch meist trocken bleibt, steigt ab Mai die Schwüle deutlich an. Nach der Trockenzeit von November bis April mit monatlichen Regenmengen von unter 30 mm werden ab Mai im Schnitt 150 bis 200 mm erreicht. Tamuín liegt dann auch in der Hurrikan-Gefahrenzone.

Wetterwissen

Regen und Kälte in Südostaustralien

Im Februar und März 2022 gab es rund um Sydney sowie in weiten Teilen von New South Wales und Queensland heftige Überschwemmungen. In Sydney hatte es dabei zweieinhalb Wochen lang fast ununterbrochen geregnet. Man sprach damals vom nassesten Jahresanfang seit Beginn der dortigen Wetteraufzeichnungen im Jahr 1858. Auch ein Jahr später waren Regen und unterdurchschnittliche Temperaturen weiterhin ein Thema. In Sydney wurde ein 140 Jahre alter Wetterrekord gebrochen: Ein Jahr lang – seit dem 21. Februar 2022 – hatte es keinen Tag mit mehr als 30 °C gegeben. Normalerweise sind in Sydney 16 Tage im Jahr mit mehr als 30 °C zu erwarten. Im Jahr 2022 waren es nur sieben und die lagen alle vor dem 21. Februar. Außerdem handelte es sich um Sydneys wolkenreichstes Jahr seit 1992, mit nur knapp sechseinhalb Stunden Sonnenschein pro Tag. Anfang Mai 2023 gab es rund um Sydney und Canberra einen frühen Wintereinbruch mit Schneefällen im Bergland. Im Skigebiet Perisher schneite es bereits einen Monat vor Saisonbeginn 10 cm, für australische Verhältnisse eine große Menge. Die Häufung von regenreichen und teilweise kühlen Jahren hatte mit einem ungewöhnlich lange anhaltenden La Niña-Ereignis im Pazifik vor Südamerika zu tun. Die dann niedrigen Wassertemperaturen wirken sich im pazifischen Raum großräumig auf die Wetterverhältnisse aus. Im Jahr 2023 setzte sich jedoch das Gegenstück El Niño durch, verbunden mit höheren Wassertemperaturen als im Mittel und einer erhöhten Wahrscheinlichkeit für Hitze, Dürre und Buschbrände in Australien.

In Sydney häuften sich von 2021 bis 2023 die trüben Tage. Für Südostaustralien typisch sind zyklische Schwankungen von regenreichen und wieder trockeneren Jahren.

Typische Wetterlagen im März

Süd, Südwest: Im Westen und Norden teilweise bewölkt mit etwas Regen, nach Osten hin Wechsel zwischen Sonne und Wolken. Allgemein sehr milde Temperaturen zwischen 13 und 19 °C, örtlich auch über 20 °C. An solchen warmen Tagen geht die Entwicklung der Vorfrühlingspflanzen schnell voran.

West, Nordwest, Tiefdrucklage über Mitteleuropa: Wechselhaftes Wetter. Immer wieder Durchzug von Fronten mit Regen (manchmal auch Gewittern), dazwischen sonnige Phasen. Wechsel zwischen erwärmter Meeresluft mit Temperaturen von 9 bis 15 °C und kalter Meeresluft mit 3 bis 9 °C, im Gebirge über 1000 bis 1500 m teilweise große Neuschneemengen, im Flachland nur vorübergehend Schneeflocken (aber keine Schneedecke).

Nord, Nordost: Winterliches Wetter. Temperaturen selbst tagsüber nur wenig über 0 °C (Monatsanfang) bzw. 5 °C (Monatsende), teilweise sogar Dauerfrost. Zunächst vor allem in Ost- und Süddeutschland Schneeregen- und Schneeschauer (örtlich von Gewittern begleitet), größere Neuschneemengen aber nur am Nordrand von Mittelgebirgen und Alpen. An den Folgetagen häufig sonnig, in klaren Nächten dann Frost unter -5 °C, örtlich unter -10 °C.

Ost, Südost, Hochdrucklage über Mitteleuropa: Einzelne Nebelfelder, sonst viel Sonne und nur wenig Wolken. Große Temperaturschwankungen zwischen Tag und Nacht: tagsüber frühlingshaft bei 7 bis 14 °C (Monatsanfang) bzw. bei 12 bis 19 °C (Monatsende), nachts teils leichter Frost um -2 °C.

Entlang der Weinstraße wird die Mandelblüte im März mit den „Rosa Wochen" und zahlreichen Veranstaltungen rund um die Mandel gefeiert (im Jahr 2024 vom 1. März bis zum 7. April).

1 Fr Frankfurt/M. (Min./Max. 1993-2022): im Mittel 0,7°C / 8,8°C — Sonne: 7:02 – 18:02
Extremwerte: -12,0°C (2005) / 19,1°C (2019) — Mond: U 8:51 – A - -
Klimatologischer Frühlingsanfang

Tag °C

Nacht °C

2 Sa Stuttgart (Min./Max. 1993-2022): im Mittel -0,8°C / 8,1°C — Sonne: 7:00 – 18:04
Extremwerte: -18,6°C (2005) / 20,0°C (1997) — Mond: A 0:48 – U 9:11

Tag °C

Nacht °C

3 So Augsburg (Min./Max. 1993-2022): im Mittel -2,3°C / 7,0°C — Sonne: 6:58 – 18:06
Extremwerte: -24,2°C (2005) / 19,4°C (1997) — Mond: A 2:05 – U 9:39

Tag °C

Nacht °C

Frühlingswolke

Am 7. März 2016 lag über dem nördlichen Mitteleuropa ein ausgeprägtes Höhentief. In den Niederlanden brachte der Tag dennoch einige Sonnenstunden, so dass sich die Kaltluft in Bodennähe auf rund 7 °C erwärmte. Wegen der kalten Luftmassen in der Höhe konnten sich manche Quellwolken zu Schauern entwickeln. Das Foto oben zeigt eine sich auflösende Schauerwolke mit auffälligen Fallstreifen.

Wetter und Garten

Eines der beliebtesten und am häufigsten verwendeten Kräuter ist die Petersilie. Normalerweise gedeiht sie problemlos in Töpfen oder Beeten. Aber manchmal gibt es auch rätselhafte Wachstumsprobleme und es zeigen sich welke, vergilbte Blätter. Eine Ursache kann nasskaltes Wetter sein oder umgekehrt eine zu lange Trockenperiode. Es kann aber auch an den im Vorjahr an gleicher Stelle angebauten Pflanzen liegen. Petersilie gehört nämlich zur Pflanzenfamilie der Doldenblütler, die mit sich selbst unverträglich ist. Dazu gehören Dill, Kerbel, Sellerie, Liebstöckel, Pastinaken, Fenchel und Karotte. Das Gegenteil sind Tomaten, die einen jahrelangen Anbau an gleicher Stelle ohne Probleme tolerieren.

Extrem sonniger März

Der März 2022 war der mit Abstand sonnenscheinreichste Märzmonat in Deutschland seit Messbeginn 1951. In Süddeutschland wurden am Monatsende bis zu 250 Sonnenstunden gezählt, in der Lüneburger Heide, dem Thüringer Wald und dem Frankenwald rund 200 Stunden.

4 Mo
Hamburg (Min./Max. 1993-2022): im Mittel 0,1°C / 7,7°C
Extremwerte: -14,0°C (2010) / 20,0°C (2014)
Sonne: 6:56 – 18:07
Mond: A 3:19 – U 10:20
Tag °C
Nacht °C

5 Di
Berlin (Min./Max. 1993-2022): im Mittel 0,2°C / 7,9°C
Extremwerte: -9,1°C (2018) / 18,5°C (1998)
Sonne: 6:54 – 18:09
Mond: A 4:24 – U 11:17
Tag °C
Nacht °C

6 Mi
Düsseldorf (Min./Max. 1993-2022): im Mittel 1,7°C / 9,8°C
Extremwerte: -6,7°C (2010) / 20,9°C (2014)
Sonne: 6:52 – 18:10
Mond: A 5:16 – U 12:31
Tag °C
Nacht °C

7 Do
Erfurt (Min./Max. 1993-2022): im Mittel -0,8°C / 6,9°C
Extremwerte: -12,1°C (2005) / 17,4°C (1998)
Sonne: 6:50 – 18:12
Mond: A 5:55 – U 13:58
Tag °C
Nacht °C

8 Fr
Frankfurt/M. (Min./Max. 1993-2022): im Mittel 0,9°C / 9,7°C
Extremwerte: -6,5°C (2006) / 19,8°C (1998)
Sonne: 6:47 – 18:14
Mond: A 6:23 – U 15:31
Tag °C
Nacht °C

9 Sa
Stuttgart (Min./Max. 1993-2022): im Mittel -0,4°C / 8,9°C
Extremwerte: -13,3°C (2005) / 20,7°C (1998)
Sonne: 6:45 – 18:15
Mond: A 6:44 – U 17:03
Tag °C
Nacht °C

10 So
Augsburg (Min./Max. 1993-2022): im Mittel -2,0°C / 7,6°C
Extremwerte: -16,9°C (2006) / 20,4°C (1998)
Sonne: 6:43 – 18:17
Mond: A 7:01 – U 18:34
Tag °C
Nacht °C

11 Mo Hamburg (Min./Max. 1993-2022): im Mittel 1,3°C / 8,5°C
Extremwerte: -15,3°C (2006) / 19,6°C (2004)
Sonne: 6:41 – 18:19
Mond: A 7:16 – U 20:03
Tag °C
Nacht °C

12 Di Berlin (Min./Max. 1993-2022): im Mittel 1,7°C / 8,8°C
Extremwerte: -11,5°C (2013) / 20,9°C (2012)
Sonne: 6:39 – 18:20
Mond: A 7:31 – U 21:32
Tag °C
Nacht °C

13 Mi Düsseldorf (Min./Max. 1993-2022): im Mittel 2,9°C / 11,3°C
Extremwerte: -11,9°C (2013) / 22,4°C (2004)
Sonne: 6:37 – 18:22
Mond: A 7:48 – U 23:01
Tag °C
Nacht °C

14 Do Erfurt (Min./Max. 1993-2022): im Mittel 0,7°C / 8,1°C
Extremwerte: -14,1°C (2013) / 21,4°C (2004)
Sonne: 6:35 – 18:23
Mond: A 8:08 – U --
Tag °C
Nacht °C

15 Fr Frankfurt/M. (Min./Max. 1993-2022): im Mittel 2,4°C / 11,6°C
Extremwerte: -10,5°C (2013) / 21,8°C (2004)
Sonne: 6:32 – 18:25
Mond: U 0:27 – A 8:34
Tag °C
Nacht °C

16 Sa Stuttgart (Min./Max. 1993-2022): im Mittel 1,1°C / 10,8°C
Extremwerte: -12,7°C (2010) / 23,4°C (2004)
Sonne: 6:30 – 18:27
Mond: U 1:48 – A 9:09
Tag °C
Nacht °C

17 So Augsburg (Min./Max. 1993-2022): im Mittel -0,2°C / 9,8°C
Extremwerte: -13,0°C (2010) / 20,9°C (2004)
Sonne: 6:28 – 18:28
Mond: U 2:59 – A 9:56
Tag °C
Nacht °C

Teru Teru Bozo

Teru Teru Bozu („scheine, scheine Mönch") heißen in Japan kleine selbstgebastelten Püppchen, die man vor oder in ein Fenster hängt. Sie sollen die Fähigkeit besitzen, gutes Wetter für den kommenden Tag zu bewirken. Der Brauch ist an Tagen vor Ausflügen oder Festen vor allem bei Kindern beliebt. Wenn dann tatsächlich schönes Wetter geworden ist, wird die Puppe mit etwas Nihonshu (Sake) übergossen. Ein Gesicht bekommt der Teru Teru Bozo eigentlich erst, wenn er schönes Wetter bewirkt hat. Wünscht man sich, aus welchen Gründen auch immer, schlechtes Wetter, hängt man den Teru Teru Bozo mit dem Kopf nach unten auf. Dann nennt er sich Ame Ame Bozo, („Regen, Regen Mönch").

Die japanischen Wetterpüppchen sollen die kahlen Köpfe von Mönchen darstellen.

Wärme auf Island

Am 18. März 2021 war es auf Island ungewöhnlich mild. An der Station Dalatangi im Osten der Insel stieg die Temperatur auf 20,4 °C. Dies war die zweithöchste Märztemperatur, die in Island gemessen wurde. Der Rekordwert vom 29. März 2012 wurde nur um 0,1 Grad verfehlt. In der subtropischen Luft wurden auch an anderen niedrig gelegenen Orten nahe 20 °C erreicht, wie in Neskaupstaður und Reyðarfjörður.

Unterschiedliche Bilanz

In Deutschland brachte der März 2023 in den meisten Regionen mehr Niederschlag als im langjährigen Mittel. Besonders feucht war es in den Mittelgebirgen und am Alpenrand. Im Sauerland, Harz, Vogelsberg und im Schwarzwald fielen über 200 mm. Spitzenreiter war Dachsberg im Südschwarzwald mit mehr als 230 mm Niederschlag. In Österreich gab es große Gegensätze zwischen West und Ost. In Schröcken (1244 m) in der Arlbergregion wurden 222 mm gemessen, in Horn (Niederösterreich) dagegen nur 3 mm. Ähnlich trocken waren die Gebiete von Wien bis zum Neusiedler See.

18 Mo
Hamburg (Min./Max. 1993-2022): im Mittel 0,8°C / 8,9°C
Extremwerte: -7,1°C (2001) / 19,4°C (2014)
Sonne: 6:26 – 18:30
Mond: U 3:55 – A 10:55
Tag °C
Nacht °C

19 Di
Berlin (Min./Max. 1993-2022): im Mittel 1,2°C / 9,3°C
Extremwerte: -11,0°C (2013) / 21,9°C (2014)
Sonne: 6:24 – 18:31
Mond: U 4:36 – A 12:02
Tag °C
Nacht °C

20 Mi
Düsseldorf (Min./Max. 1993-2022): im Mittel 2,2°C / 11,4°C
Extremwerte: -7,0°C (2018) / 21,3°C (2014)
Sonne: 6:22 – 18:33
Mond: U 5:06 – A 13:14
Astronomischer Frühlingsanfang (4:06 MEZ)
Tag °C
Nacht °C

21 Do
Erfurt (Min./Max. 1993-2022): im Mittel 0,0°C / 8,7°C
Extremwerte: -10,8°C (2018) / 19,7°C (2014)
Sonne: 6:19 – 18:35
Mond: U 5:28 – A 14:27
Tag °C
Nacht °C

22 Fr
Frankfurt/M. (Min./Max. 1993-2022): im Mittel 2,3°C / 11,9°C
Extremwerte: -7,6°C (2008) / 21,9°C (2005)
Sonne: 6:17 – 18:36
Mond: U 5:44 – A 15:38
Tag °C
Nacht °C

23 Sa
Stuttgart (Min./Max. 1993-2022): im Mittel 1,3°C / 10,9°C
Extremwerte: -6,9°C (2008) / 23,2°C (2004)
Sonne: 6:15 – 18:38
Mond: U 5:58 – A 16:47
Welttag der Meteorologie
Tag °C
Nacht °C

24 So
Augsburg (Min./Max. 1993-2022): im Mittel 0,0°C / 10,0°C
Extremwerte: -6,8°C (2018) / 21,6°C (2004)
Sonne: 6:13 – 18:39
Mond: U 6:09 – A 17:55
Tag °C
Nacht °C

25 Mo
Hamburg (Min./Max. 1993-2022): im Mittel 1,8°C / 10,8°C
Extremwerte: -6,2°C (2013) / 23,5°C (2021)
Sonne: 6:11 – 18:41
Mond: U 6:20 – A 19:03 ○
Tag °C
Nacht °C

26 Di
Berlin (Min./Max. 1993-2022): im Mittel 2,4°C / 11,4°C
Extremwerte: -6,5°C (2013) / 23,8°C (2021)
Sonne: 6:08 – 18:43
Mond: U 6:31 – A 20:12
Tag °C
Nacht °C

27 Mi
Düsseldorf (Min./Max. 1993-2022): im Mittel 3,4°C / 13,3°C
Extremwerte: -5,9°C (1993) / 25,7°C (2021)
Sonne: 6:06 – 18:44
Mond: U 6:43 – A 21:24
Tag °C
Nacht °C

28 Do
Erfurt (Min./Max. 1993-2022): im Mittel 1,1°C / 10,7°C
Extremwerte: -8,3°C (2013) / 23,3°C (2021)
Sonne: 6:04 – 18:46
Mond: U 6:58 – A 22:37
Tag °C
Nacht °C

29 Fr
Frankfurt/M. (Min./Max. 1993-2022): im Mittel 3,4°C / 13,6°C
Extremwerte: -6,2°C (1993) / 24,6°C (2021)
Sonne: 6:02 – 18:47
Mond: U 7:16 – A 23:53
Karfreitag
Tag °C
Nacht °C

30 Sa
Stuttgart (Min./Max. 1993-2022): im Mittel 2,0°C / 12,6°C
Extremwerte: -7,3°C (1993) / 24,3°C (2017)
Sonne: 6:00 – 18:49
Mond: U 7:41 – A - -
Tag °C
Nacht °C

31 So
Augsburg (Min./Max. 1993-2022): im Mittel 0,6°C / 11,8°C
Extremwerte: -8,3°C (2020) / 22,6°C (2010)
Sonne: 6:58 – 19:50
Mond: A 1:07 – U 9:16
Ostersonntag, Beginn der Sommerzeit
Tag °C
Nacht °C

„Frösche auf Stegen und Wegen deuten auf baldigen Regen."

Eine gängige Interpretation der Regel ist, dass die Frösche aus dem Teich kommen, wenn die Luftfeuchte vor einem Umschwung zu regnerischem Wetter steigt. Man muss jedoch zwischen den Froscharten unterscheiden. Nur die Grünfroscharten Wasserfrosch, Kleiner Teichfrosch und Seefrosch verbringen ihr ganzes Leben im Bereich ihrer Heimatgewässer. Die drei Braunfroscharten Grasfrosch, Moorfrosch, Springfrosch sowie der Europäische Laubfrosch leben jedoch die meiste Zeit des Jahres wetterunabhängig an Land und suchen nur während der Laichzeit in den Monaten März und April ihr Heimatgewässer auf.

Ende März sitzen Laubfrösche tagsüber oft auf einem erhöhten Platz und sonnen sich.

Monatsthema

Die wichtigsten Wolkentypen

Nur ein tausendstel Prozent des gesamten, auf der Erde vorkommenden Wassers befindet sich in der Atmosphäre, der überwiegende Teil davon als unsichtbarer Wasserdampf. Sichtbar wird die atmosphärische Feuchtigkeit erst durch Wolken. Mit etwas Übung kann man aus den Wolkenformen das Wettergeschehen der nächsten Stunden ablesen. Hohe und mittelhohe Wolken liefern Informationen über großräumige Wetteränderungen. Sie kündigen beispielsweise die Annäherung von Warm- oder Kaltfronten an. Mit Hilfe von tiefen Wolken lassen sich dagegen Vorgänge in unmittelbarer Nähe des Beobachtungsortes verfolgen, zum Beispiel die Entstehung von Schauer- und Gewitterwolken. Allgemein gilt: Wolken aus Eiskristallen haben ein strukturloses, faseriges Aussehen. Wenn die Wolken aus Wassertröpfchen bestehen, sind scharfe Ränder und deutliche Strukturen zu erkennen wie bei den blumenkohlartigen Quellwolken oder den ballenförmigen Schäfchenwolken.

Hohe Wolken (in 7 bis 13 km Höhe)

Cirrus-Wolken (Federwolken) sind hohe Wolken, die nur aus Eiskristallen bestehen. Da in einem Kubikmeter Cirrus-Wolkenluft nur etwa 100 winzige Eiskristalle enthalten sind, ist der blaue Himmel immer noch gut zu erkennen. Das faserige Aussehen ohne scharfe Konturen wird durch die Höhenwinde verursacht, die die langsam verdunstenden Eiskristalle weit verfrachten können. Solange sich nur einzelne Cirrus-Wolken am Himmel zeigen, die sich außerdem über längere Zeit nicht verdichten, gibt es keine Wetteränderung (Abb. 3.1). Ausgeprägte hakenförmige Strukturen entstehen bei deutlichen Unterschieden von Windrichtung und/oder Windgeschwindigkeit in vertikaler Richtung und sind ein Zeichen für eine sehr unruhige Atmosphäre.
Wenn Cirrus-Wolken bei fallendem Luftdruck in Cirrostratus-Wolken übergehen (Abb. 3.2), ist eine Wetteränderung innerhalb des

Abb. 3.1: Harmlose Cirrus-Wolken während einer Hochdrucklage.

Abb. 3.2: Übergang von Cirrus- zu Cirrostratus-Wolken (in Horizontnähe).

Abb. 3.3: Aufziehende Altocumulus-Wolken können einen Wetterwechsel ankündigen.

Abb. 3.4: Solche Castellanus-Wolken sind im Sommer zuverlässige Gewittervorboten.

nächsten Tages sehr wahrscheinlich. Cirrostratus ist ein weißlicher Wolkenschleier aus Eiskristallen von faseriger oder gleichförmiger Struktur. Die durchscheinende Sonnenscheibe hat einen unscharfen Rand.
Manchmal bilden sich in größerem Abstand um die Sonne farbige Ringe, die man als Halo bezeichnet. Diese optischen Erscheinungen treten nur in Verbindung mit Eiswolken auf. Im Sommerhalbjahr bedeuten dichte Cirrostratus-Wolken in einzelnen Feldern oft keine Wetteränderung, denn sie sind dann meist nur die Überreste von Gewitterwolken.

Mittelhohe Wolken (in 3 bis 7 km Höhe)

Zu den mittelhohen Wolken gehören Altocumulus-Wolken (Schäfchenwolken), kleine Wolkenballen mit dunklen Stellen, die sich in ausgedehnten Feldern anordnen (Abb. 3.3). Altocumulus besteht meist aus Wolkentröpfchen und erst bei Temperaturen unter -10 °C sind auch Eiskristalle enthalten. Solange sich nur einzelne Altocumulus-Felder in lockerer Anordnung am Himmel zeigen, steht keine unmittelbare Wetteränderung bevor. Bei Aufzug aus westlichen Richtungen ist jedoch ein rascher Wetterumschwung möglich. Eine besondere Bedeutung haben Altocumulus-Wolken, wenn die Wolkenballen zu kleinen Türmchen anwachsen („Altocumulus castellanus", Abb. 3.4). Wenn man solche Wolken an einem Sommermorgen sieht, besteht für den Rest des Tages eine sehr hohe Gewitterwahrscheinlichkeit.
Altostratus-Wolken sind sehr einförmige Schichtwolken und bestehen aus unterkühlten Wassertröpfchen und Eiskristallen. Die

Abb. 3.5: Übergang von Cirrostratus zu Altostratus im Vorfeld eines Sturmtiefs.

Abb. 3.6: In Cumulus-Wolken kann das Sonnenlicht wegen der großen Tröpfchenkonzentration nicht weit eindringen und das meiste wird reflektiert. So erklären sich die recht dunklen Unterseiten und die blendend weißen Quellungen.

Sonne ist noch eine Zeit lang verschwommen zu erkennen. Bei weiterer Verdichtung werden die Wolken eintönig grau und weisen auf unmittelbar bevorstehenden Niederschlag hin. Altostratus-Wolken entwickeln sich oft aus Cirrostratus-Wolken und sind typisch für heranziehende Warmfronten (Abb. 3.5).

Tiefe Wolken (in 0 bis 3 km Höhe)

Cumulus-Wolken (Quellwolken) haben eine flache, meist graue Unterseite und scharf umrandete, weiße Quellungen (Abb. 3.6). Sie bestehen aus zahlreichen Wassertröpfchen. Die Untergrenze von Cumulus-Wolken liegt in ein bis zwei Kilometer Höhe über der Erdoberfläche. Flache Schönwetterquellwolken haben nur eine kurze Lebensdauer von etwa zehn Minuten. Größere Quellwolken erreichen oft eine vertikale Mächtigkeit von mehr als einem Kilometer. Ihr Aussehen erinnert dann an einen Blumenkohl. Solange die Quellungen scharfe Ränder zeigen, kann sich kein Niederschlag bilden.

Stratocumulus-Wolken (Schichthaufenwolken) kommen ebenfalls in etwa ein bis zwei Kilometer Höhe vor, bestehen meist aus Wassertröpfchen und bringen nur sehr selten Niederschlag. Stratocumulus ist der Wolkentyp, der am häufigsten auftritt, und ist eine Mischung aus eher einförmigen Schichtwolken und Quellwolken (Abb. 3.7). Stratocumulus-Wolken können ein sehr ähnliches Aussehen wie Altocumulus-Wolken haben. Zur Unterscheidung hilft dann nur eine Höhenschätzung oder die genaue Beobachtung (beispielsweise, ob in den Stratocumulus hineinwachsende Quellwolken zu erkennen

Abb. 3.7: Die Ballen von Stratocumulus-Wolken erscheinen größer als die der Altocumulus-Wolken in höheren Luftschichten.

Abb. 3.8: Eine Inversion verhindert hier, dass die Cumulus-Wolke weiter in die Höhe wachsen kann. Seitlich entsteht Stratocumulus.

sind). Häufig entstehen Stratocumulus-Wolken aus Cumulus-Wolken, die sich an einer Inversion ausbreiten (Abb. 3.8).
Stratus-Wolken bilden sich in Höhen unterhalb von einem Kilometer und sind einheitlich weiß bis grau. Häufig kommen sie als Hochnebel im Winterhalbjahr vor. Wenn die Stratus-Wolken dünn sind, kann man die Sonne oder den Mond als Scheibe mit scharfem Rand erkennen. Auch während oder kurz nach einem Regen- oder Schneefallgebiet lassen sich häufg Stratus-Wolken beobachten (Abb. 3.9).

Abb. 3.9: Eine Stratus-Wolke bei Regenwetter.

Wolken mit großer Mächtigkeit

Cumulonimbus-Wolken (Schauer- und Gewitterwolken) sind sehr hochreichende Quellwolken, die im unteren Bereich aus Wassertröpfchen und oben aus Eiskristallen bestehen. Sie bilden sich meist aus kleineren Cumulus-Wolken, die bei entsprechender Luftschichtung ungehindert bis in Höhen von 10 bis 14 km wachsen können. Die oberen Wolkenbereiche vereisen dann, wobei die Quellungen ihre scharfen Konturen verlieren und bald streifig aussehen (Abb. 3.10). Kurz darauf gibt es am Boden den ersten Regen. Im weiteren Verlauf entsteht im oberen Bereich eine ambossförmige Wolke aus Eiskristallen. Vom ersten Auftreten noch harmlos aussehender, aber kräftig quellender Cumuluswolken bis zum Schauer vergehen manchmal nur 30 Minuten. Cumulonimbus-Wolken entwickeln sich beispielsweise im Bereich von Kaltfronten oder an Sommernachmittagen (Wärmegewitter).
Während Cumulonimbus-Wolken durch starke, eng begrenzte und turbulente Aufwinde gebildet werden, entstehen ausgedehnte

Abb. 3.10: Cumulus-Wolken (vorn) und Cumulonimbus-Wolken (im Hintergrund).

Schichtwolken durch eine gleichmäßige Vertikalbewegung von nur wenigen Zentimetern pro Sekunde. Solche Schichtwolken erscheinen gleichmäßig grau und können von großer vertikaler Mächtigkeit sein. Dunkelgraue Regenwolken, die sogenannten Nimbostratus-Wolken, beginnen knapp über dem Boden und reichen oft bis in Höhen von über sechs Kilometer hinauf. Wegen der großen Wolkenmächtigkeit dringt nur wenig Sonnenlicht bis zur Erdoberfläche durch und es kann daher auch tagsüber dämmrig bleiben. Nimbostratus-Wolken sind häufig mit dem Durchzug von Warmfronten verbunden. Abb. 3.11 zeigt eine mächtige Nimbostratus-Wolke, die kurz vor der Aufnahme noch abregnete. Die glatte Unterseite dieser Wolke wurde durch den Wind geformt, der nahezu ohne Turbulenz über das hügelige Gelände wehte. Das Aussehen von Wolken wird demnach nicht nur durch ihre Bestandteile (Eis, Wasser oder beides), sondern auch durch die Strömungsverhältnisse bestimmt. Die Wolkenformen verraten also einiges über die gerade ablaufenden Vorgänge in der Atmosphäre. Für eine kurzfristige Wettervorhersage genügt aber ein schneller Blick in den Himmel meist nicht. Man muss die Wolken vielmehr eine Zeit lang beobachten, um ihre Zu- oder Abnahme festzustellen, ihre Lebensdauer und die Veränderungen bei den unterschiedlichen Wolkenarten. Dann werden sich mit der Zeit auch Erfolge beim „Wolkenlesen" einstellen.

Abb. 3.11: Die Unterseite einer Nimbostratus-Wolke.

Das Foto zeigt die Berge am Rand der Carrizo-Ebene im Süden des US-Bundesstaates Kalifornien am 15. April 2023. In dem im Jahr 2001 unter Naturschutz gestellten Gebiet gibt es die einzige großflächig erhaltene Graslandschaft von Kalifornien. Nach regenreichen Wintern entfaltet sich dort ein beeindruckendes Blütenmeer wie zuletzt in den Jahren 2017, 2019 und 2023. Besonders viel Regen fiel zu Beginn des Jahres 2023, als sich mehrere Wochen lang ein sogenannter atmosphärischer Fluss vom tropischen Pazifik bis nach Kalifornien erstreckte. In den langen Bändern mit sehr feuchter Luft kann soviel Wasser befördert werden, wie durch die Mündung des Mississippi-Flusses fließt. Damit sich viele Blüten entwickeln, müssen auch die Temperaturen passen (nicht zu große Hitze nach dem Regen, aber keine Nachtfröste).

Wetter und Natur

Muscheln mit Frostschutz

In den Gewässern rund um den antarktischen Kontinent finden Lebewesen extreme Verhältnisse vor. So laufen sie ständig Gefahr zu vereisen, denn vor allem in flachen Küstengewässern liegt die Meerestemperatur aufgrund der dort vorherrschenden Bedingungen (Salzgehalt und Druck) bei etwa -2 °C. Kleinste Störungen wie Sandkörner oder andere feste Oberflächen wirken in diesem sogenannten unterkühlten Wasser wie Kristallisationskeime und es kommt zur spontanen Eisbildung. Die Antarktische Jakobsmuschel (Adamussium colbecki) nutzt diesen Mechanismus jedoch gerade als Vereisungsschutz. Im Gegensatz zu anderen Jakobsmuschelarten, die in gemäßigteren Breiten beheimatet sind, besitzt ihre Schale eine Oberfläche, die in regelmäßigen Abständen mit winzigen Erhöhungen und Vertiefungen übersät ist. Dabei gefriert das Wasser an den Spitzen der Grate, während die Rillen eisfrei bleiben. Auf diese Weise kann sich das Eis schon bei schwacher Strömung schnell wieder lösen, so dass die Muschel nie vollständig einfriert.

Unterwasseraufnahme im antarktischen McMurdo-Sund. Nahe dem Grundeis sind neben Jakobsmuscheln auch Antarktische Seeigel und ein Schlangenstern (im Bild links unten) zu sehen.

April in Kotzebue

Kotzebue (66° 54' N, 162° 35' W) liegt an der Nordwestküste des US-Bundesstaates Alaska und ist nach Otto von Kotzebue benannt, dem Leiter einer russischen Expedition, die 1818 nach der Nordwestpassage suchte. Seit 1975 gibt es in Kotzebue auch einen örtlichen Radiosender mit dem Namen KOTZ, der in der weitläufigen, dünn besiedelten Region auf Mittelwelle sendet. Der Winter dauert dort, knapp nördlich des Polarkreises, von Oktober bis Anfang Mai. Im Jahr 2023 war erstmals seit über 100 Jahren der April der kälteste Wintermonat. Im langjährigen Mittel schwächt sich der Frost im April ab. Die mittleren Höchstwerte liegen um -5 °C (im Hochwinter um -15 °C) und die Tiefstwerte um -13 °C (im Hochwinter um -22 °C). Die geringe Niederschlagsmenge von im Mittel 14 mm fällt im April noch überwiegend als Schnee. Im Jahreslauf wurden in Kotzebue Extremwerte von -50 °C am 16. März 1930 und 29 °C am 19. Juni 2013 gemessen.

Wetterwissen

Umkehrthermik

Umkehrthermik bezeichnet man auch als Abendthermik, da sie an zuvor sonnigen Tagen zur Zeit des Sonnenuntergangs auftreten kann. Sie entsteht im Bergland, wenn die Luft an den Berghängen abzukühlen und wegen der damit verbundenen Dichtezunahme ins Tal abzufließen beginnt. Ein Anzeichen für das Auftreten von Umkehrthermik ist demnach einsetzender Bergwind. Als Ausgleichströmung steigt über der Talmitte Luft nach oben. Die Ausprägung der Umkehrthermik hängt stark von den Geländeformen ab. In einem Längstal kann die von den Berghängen ausgehende kühle Luftströmung nämlich am Talboden rasch abfließen ohne die restliche Luftmasse über dem Tal wesentlich zu beeinflussen. In abgeschlossenen Talkesseln kommt dagegen der Verdrängungseffekt stärker zum Tragen und die wärmere, weniger dichte Luft steigt über dem Tal nach oben. Auslöser für abendliche Umkehrthermik ist also die Abkühlung der Luft bei fehlender bzw. nachlassender Einstrahlung, während die klassische Thermik einen infolge kräftiger Sonneneinstrahlung erwärmten Erdboden voraussetzt, von dem aus Luftpakte nach oben steigen. Umkehrthermik kommt deutlich seltener vor als normale Tagesthermik und ist schwieriger zu lokalisieren. Im Fachjargon der Drachen- und Gleitschirmflieger wird sie deshalb häufig auch als Magiclift bezeichnet.

Die im Gegensatz zur Thermik meist nur schwach ausgeprägte Umkehrthermik hat vor allem bei Drachen- und Gleitschirmfliegern Bedeutung, da sie am Abend noch längere Flüge erlaubt (im Bild Abendstimmung über Oberstdorf).

Typische Wetterlagen im April

Südost, Süd, Südwest: Im Westen und Norden teilweise bewölkt mit etwas Regen, nach Osten hin Wechsel zwischen Sonne und Wolkenfeldern. Warm bei 18 bis über 25 °C. In der zweiten Monatshälfte erste Wärmegewitter möglich. Die ersten fast schon sommerlichen Tage gibt es normalerweise gegen Monatsende. Manchmal entwickelt sich sogar schon eine frühe „Hitzewelle", wie in den Jahren 2007, 2009, 2011 oder 2018.

West, Tiefdrucklage über Mitteleuropa: Wechselhaftes Wetter. Immer wieder Durchzug von Fronten mit Regen, dazwischen sonnige Phasen. Wechsel zwischen erwärmter Meeresluft mit Temperaturen von 13 bis 19 °C und kalter Meeresluft mit 7 bis 14 °C, im Gebirge über 1500 m Neuschnee.

Nordwest, Nord: Diese Luftströmung bringt neben Regengebieten häufig das klassische Aprilwetter mit wiederholten Regen-, Schnee- und Graupelschauern (auch kurzen Gewittern). Dazwischen sonnige Abschnitte, im Bergland Schneefall. Kalt bei Temperaturen zwischen 3 und 10 °C, in klaren Nächten Frost bis -5 °C (je nach Vegetationsentwicklung Frostschäden, beispielsweise an Obstbäumen und Rebstöcken).

Nordost, Ost, Hochdrucklage über Mitteleuropa: Viel Sonnenschein mit einzelnen Schönwetterquellwolken. Große Temperaturschwankungen zwischen Tag und Nacht: tagsüber frühlingshaft bei 14 bis 20 °C (bei Nordostwind etwas kühler), nachts örtlich leichter Bodenfrost um -2 °C.

Kein Heckenschnitt: Bei dieser Hecke nahe Dinklage im westlichen Niedersachsen blieb der untere Bereich bis zu etwa einem Meter Höhe länger winterlich kahl (Foto vom 30. April 2023). In der dortigen kleinen Senke gab es in den Wochen zuvor ungewöhnlich viele Nächte mit bodennahem Frost.

1 Mo
Ostermontag
Hamburg (Min./Max. 1993-2022): im Mittel 2,9°C / 12,1°C
Extremwerte: -6,8°C (2013) / 22,6°C (2020)
Sonne: 6:55 – 19:52
Mond: A 3:15 – U 10:06
Tag °C
Nacht °C

2 Di
Berlin (Min./Max. 1993-2022): im Mittel 3,6°C / 13,0°C
Extremwerte: -8,1°C (1996) / 24,9°C (2011)
Sonne: 6:53 – 19:54
Mond: A 4:11 – U 11:12
Tag °C
Nacht °C

3 Mi
Düsseldorf (Min./Max. 1993-2022): im Mittel 4,1°C / 13,6°C
Extremwerte: -5,9°C (1996) / 23,7°C (2011)
Sonne: 6:51 – 19:55
Mond: A 4:53 – U 12:32
Tag °C
Nacht °C

4 Do
Erfurt (Min./Max. 1993-2022): im Mittel 2,2°C / 12,0°C
Extremwerte: -7,5°C (2020) / 22,8°C (2011)
Sonne: 6:49 – 19:57
Mond: A 5:23 – U 13:59
Tag °C
Nacht °C

5 Fr
Frankfurt/M. (Min./Max. 1993-2022): im Mittel 4,0°C / 14,6°C
Extremwerte: -3,5°C (2013) / 24,6°C (2021)
Sonne: 6:47 – 19:58
Mond: A 5:46 – U 15:29
Tag °C
Nacht °C

6 Sa
Stuttgart (Min./Max. 1993-2022): im Mittel 2,8°C / 13,4°C
Extremwerte: -4,8°C (2022) / 24,7°C (2011)
Sonne: 6:45 – 20:00
Mond: A 6:04 – U 16:58
Tag °C
Nacht °C

7 So
Augsburg (Min./Max. 1993-2022): im Mittel 1,5°C / 12,8°C
Extremwerte: -8,1°C (2022) / 24,0°C (2011)
Sonne: 6:43 – 20:01
Mond: A 6:20 – U 18:27
Tag °C
Nacht °C

Winterrückfall

Der März 2022 endete mit einigen sonnigen Frühlingstagen und Höchstwerten nahe 20 °C. Zum Monatswechsel folgte dann ein Temperatursturz, als sich eine kalte Nordostströmung durchsetzte. Gleichzeitig war in der Höhe noch warme Mittelmeerluft vorhanden. Das Aufgleiten dieser Warmluft auf die Kaltluft verursachte zum Teil ergiebige Schneefälle. So fielen am 1. April 2022 in Würzburg 17 cm und in Bad Hersfeld 20 cm Schnee. Der Schnee taute in den Folgetagen nur langsam ab und war erst am 5. April 2022 vollständig verschwunden.

Fluten durch „Seroja"

Der Zyklon „Seroja" sorgte in Osttimor und der angrenzenden indonesischen Provinz Ost-Nusa-Tenggara für eine Flutkatastrophe. Am 4. und 5. April 2021 fielen dort innerhalb von 48 Stunden über 500 mm Regen. In Dili, der Hauptstadt Osttimors, handelte es sich um die schlimmsten Überschwemmungen seit 1973. Am 11. April 2021 traf der Zyklon nahe Kalbarri auf die Westküste Australiens mit Windgeschwindigkeiten von bis zu 170 km/h.

Unwetter im Nahen Osten

Ein kräftiges Tief brachte vom 11. bis 15. April 2023 in mehreren Ländern, darunter Ägypten, Israel, Jordanien, Syrien, Saudi-Arabien und Irak zum Teil schwere Regenfälle, Hagel und Staubstürme. In der Negev-Wüste im Süden von Israel spülten große Wassermengen Autos von den Straßen. In Mekoua im Norden Saudi-Arabiens fiel Hagel mit einem Durchmesser von über 7 cm. In der Samawah-Wüste im Südirak erreichten die Windgeschwindigkeiten mehr als 80 km/h. Die Folge waren starke Sandstürme, die die Sicht auf nahezu Null reduzierten. Im Nordirak kam es dagegen zu großen Überschwemmungen.

Dieses Foto wurde in der im Nordosten Syriens gelegenen Stadt Al-Darbasiyah wärend des Hagelgewitters am 11. April 2023 aufgenommen.

8 Mo
Hamburg (Min./Max. 1993-2022): im Mittel 3,0°C / 12,0°C
Extremwerte: -7,1°C (2003) / 24,2°C (2007)
Sonne: 6:40 – 20:03
Mond: A 6:35 – U 19:56
Tag °C
Nacht °C

9 Di
Berlin (Min./Max. 1993-2022): im Mittel 3,9°C / 12,8°C
Extremwerte: -4,9°C (2003) / 24,6°C (2018)
Sonne: 6:38 – 20:05
Mond: A 6:51 – U 21:26
Tag °C
Nacht °C

10 Mi
Düsseldorf (Min./Max. 1993-2022): im Mittel 3,6°C / 14,0°C
Extremwerte: -6,3°C (2003) / 28,1°C (2007)
Sonne: 6:36 – 20:06
Mond: A 7:09 – U 22:56
Tag °C
Nacht °C

11 Do
Erfurt (Min./Max. 1993-2022): im Mittel 2,1°C / 11,8°C
Extremwerte: -9,0°C (2003) / 23,1°C (2020)
Sonne: 6:34 – 20:08
Mond: A 7:32 – U --
Tag °C
Nacht °C

12 Fr
Frankfurt/M. (Min./Max. 1993-2022): im Mittel 4,3°C / 14,8°C
Extremwerte: -4,5°C (2003) / 28,3°C (2007)
Sonne: 6:32 – 20:09
Mond: U 0:24 – A 8:04
Tag °C
Nacht °C

13 Sa
Stuttgart (Min./Max. 1993-2022): im Mittel 3,2°C / 13,5°C
Extremwerte: -6,3°C (2003) / 25,7°C (2007)
Sonne: 6:30 – 20:11
Mond: U 1:42 – A 8:47
Tag °C
Nacht °C

14 So
Augsburg (Min./Max. 1993-2022): im Mittel 1,8°C / 13,0°C
Extremwerte: -8,1°C (2003) / 23,8°C (2007)
Sonne: 6:28 – 20:12
Mond: U 2:47 – A 9:42
Tag °C
Nacht °C

15 Mo
Hamburg (Min./Max. 1993-2022): im Mittel 3,3°C / 14,3°C
Extremwerte: -3,9°C (2017) / 27,0°C (2018)
Sonne: 6:26 – 20:14
Mond: U 3:35 – A 10:49

Tag °C

Nacht °C

16 Di
Berlin (Min./Max. 1993-2022): im Mittel 4,6°C / 15,2°C
Extremwerte: -3,3°C (2005) / 27,5°C (2018)
Sonne: 6:24 – 20:16
Mond: U 4:09 – A 12:01

Tag °C

Nacht °C

17 Mi
Düsseldorf (Min./Max. 1993-2022): im Mittel 4,5°C / 16,1°C
Extremwerte: -4,1°C (2017) / 28,8°C (2018)
Sonne: 6:22 – 20:17
Mond: U 4:33 – A 13:14

Tag °C

Nacht °C

18 Do
Erfurt (Min./Max. 1993-2022): im Mittel 3,2°C / 13,7°C
Extremwerte: -4,8°C (1997) / 25,8°C (1996)
Sonne: 6:20 – 20:19
Mond: U 4:52 – A 14:26

Tag °C

Nacht °C

19 Fr
Frankfurt/M. (Min./Max. 1993-2022): im Mittel 5,0°C / 16,7°C
Extremwerte: -2,9°C (2017) / 28,1°C (2018)
Sonne: 6:18 – 20:20
Mond: U 5:06 – A 15:36

Tag °C

Nacht °C

20 Sa
Stuttgart (Min./Max. 1993-2022): im Mittel 3,8°C / 15,0°C
Extremwerte: -3,7°C (1997) / 26,7°C (2018)
Sonne: 6:16 – 20:22
Mond: U 5:18 – A 16:44

Tag °C

Nacht °C

21 So
Augsburg (Min./Max. 1993-2022): im Mittel 2,3°C / 14,2°C
Extremwerte: -6,3°C (2020) / 26,1°C (2018)
Sonne: 6:14 – 20:23
Mond: U 5:29 – A 17:52

Tag °C

Nacht °C

Wetter und Garten

Sobald sich an Obstbäumen Blütenknospen und Triebe gebildet haben, können Spätfröste eine verheerende Wirkung haben, bis hin zum Verlust der gesamten Ernte. Als Faustregel gilt: Geschlossene Knospen vertragen Fröste bis zu -4 °C (Apfelbäume auch mehr). Wenn die Blütenblätter schon zu sehen sind, liegt eine Temperatur von -2 °C noch im Toleranzbereich. Bei offenen Blüten liegt die Grenze dagegen bei 0 °C.

„Grollt der Donner im April, ist vorbei des Reifes Spiel."

In manchen Jahren gibt es vor allem im letzten Aprildrittel die ersten frühsommerlichen Wetterlagen. Dann sind nicht nur Temperaturen bis über 25 °C, sondern auch die ersten Wärmegewitter möglich. In einer solchen Luftmasse besteht keine Nachtfrostgefahr mehr. Gewitter können aber auch bei klassischem Aprilwetter auftreten, das heißt in labil geschichteter Kaltluft aus polaren Breiten. In so einem Fall kommen auch Ende April (und im Mai) Nachtfröste vor, besonders in Senken und Mulden abseits bebauter Flächen.

Geteiltes Texas

Am 23. April 2021 verlief quer durch den US-Bundesstaat Texas in Nord-Süd-Richtung eine sogenannte Dryline. An einer solchen Linie gibt es große Unterschiede bei der Luftfeuchte. Das Phänomen kann sich im Mittleren Westen der USA besonders ausgeprägt entwickeln, da dort sehr trockene Wüstenluft und sehr feuchte Luft vom Golf von Mexiko zusammentreffen können. Bei gleicher Temperatur ist trockene Warmluft schwerer als feuchte Warmluft, deshalb schiebt sich die trockene Luft unter die feuchte Luft (ähnlich wie an einer Kaltfront die Kaltluft unter die Warmluft). Durch die Hebung der feuchten Warmluft können im Vorfeld der Dryline schwere Gewitter ausgelöst werden. So wurden an jenem Tag im mittleren und östlichen Texas insgesamt fünf Tornados beobachtet, die aber keine größeren Schäden verursachten. Ohne Änderung der Großwetterlage verlagert sich die Dryline nur wenig, verbunden mit erhöhten Unsicherheiten bei der Vorhersage der Gewitteraktivität. Auch in Europa kommt es gelegentlich zur Bildung einer Dryline. Sie ist dann aber meist kurzlebig und nur wenig wetteraktiv.

22 Mo
Hamburg (Min./Max. 1993-2022): im Mittel 5,9°C / 16,6°C
Extremwerte: -2,1°C (1997) / 28,6°C (1996)
Sonne: 6:12 – 20:25
Mond: U 5:40 – A 19:01
Tag °C
Nacht °C

23 Di
Berlin (Min./Max. 1993-2022): im Mittel 7,4°C / 18,3°C
Extremwerte: -0,8°C (2021) / 30,2°C (2012)
Sonne: 6:10 – 20:26
Mond: U 5:52 – A 20:12
Tag °C
Nacht °C

24 Mi
Düsseldorf (Min./Max. 1993-2022): im Mittel 6,7°C / 18,0°C
Extremwerte: -2,5°C (2010) / 28,0°C (2007)
Sonne: 6:08 – 20:28
Mond: U 6:05 – A 21:26
○
Tag °C
Nacht °C

25 Do
Erfurt (Min./Max. 1993-2022): im Mittel 5,4°C / 16,6°C
Extremwerte: -4,5°C (1997) / 28,8°C (2012)
Sonne: 6:06 – 20:30
Mond: U 6:22 – A 22:42
Tag °C
Nacht °C

26 Fr
Frankfurt/M. (Min./Max. 1993-2022): im Mittel 7,2°C / 19,0°C
Extremwerte: -2,2°C (1997) / 29,7°C (2012)
Sonne: 6:04 – 20:31
Mond: U 6:45 – A 23:57
Tag °C
Nacht °C

27 Sa
Stuttgart (Min./Max. 1993-2022): im Mittel 6,0°C / 17,7°C
Extremwerte: -3,7°C (1997) / 29,8°C (2012)
Sonne: 6:02 – 20:33
Mond: U 7:17 – A - -
Tag °C
Nacht °C

28 So
Augsburg (Min./Max. 1993-2022): im Mittel 4,2°C / 17,3°C
Extremwerte: -4,8°C (1997) / 29,4°C (2012)
Sonne: 6:01 – 20:34
Mond: A 1:08 – U 8:02
Tag °C
Nacht °C

29 Mo
Hamburg (Min./Max. 1993-2022): im Mittel 5,5°C / 16,3°C
Extremwerte: -2,6°C (2011) / 27,6°C (2003)
Sonne: 5:59 – 20:36
Mond: A 2:07 – U 9:03

Tag °C

Nacht °C

30 Di
Berlin (Min./Max. 1993-2022): im Mittel 7,6°C / 18,2°C
Extremwerte: 0,1°C (2017) / 31,0°C (2005)
Sonne: 5:57 – 20:37
Mond: A 2:53 – U 10:17

Tag °C

Nacht °C

Valborgsmässafton

In Schweden ist Valborg bzw. Valborgsmässafton („Walpurgisabend") ein traditionelles Frühlingsfest, an dem der lange, dunkle Winter verabschiedet wird. Mit Beginn der Abenddämmerung gibt es in vielen Gemeinden große Feuer.

Monatsthema

Wind in der Stadt

Typische Phänomene des Stadtklimas sind erhöhte Luft- und Oberflächentemperaturen sowie veränderte Niederschlags- und Windverhältnisse. Ein bekanntes Beispiel ist die sogenannte städtische Wärmeinsel. Der Begriff beschreibt die teils deutlich höheren Lufttemperaturen in der Stadt gegenüber dem Umland und wurde bereits Anfang des 19. Jahrhunderts untersucht. Die Ursache der höheren städtischen Temperaturen liegt vor allem im hohen Anteil von verbauten Flächen und der Wärmefreisetzung durch Verkehr, Industrie und Hausbrand (Abb. 4.1). In großen Städten kann der Temperaturunterschied zum Umland bis zu 10 Grad betragen und ist vor allem in windschwachen und klaren Nächten sehr ausgeprägt. In Bezug auf die Windverhältnisse gibt es im wesentlichen zwei unterschiedliche Aspekte. Zum einen kann sich infolge der städtischen Wärmeinsel ein kleinräumiges Windsystem zwischen Umland und Stadt ausbilden. Zum anderen hat die Stadt durch die Bebauung eine deutlich höhere Rauigkeit und beeinflusst dadurch als Strömungshindernis die Windverhältnisse.

Der Flurwind

Das kleinräumige Windsystem zwischen Umland und Stadt wird auch als Flurwind bezeichnet und beschreibt einen leichten stadteinwärts gerichteten Wind während einer ansonsten eher windschwachen (und gering bewölkten) Wetterlage. Dann ist die Überwärmung der Stadt gegenüber dem Umland am Abend und in der Nacht besonders stark ausgeprägt. In Folge dessen steigt die warme Stadtluft durch den thermischen

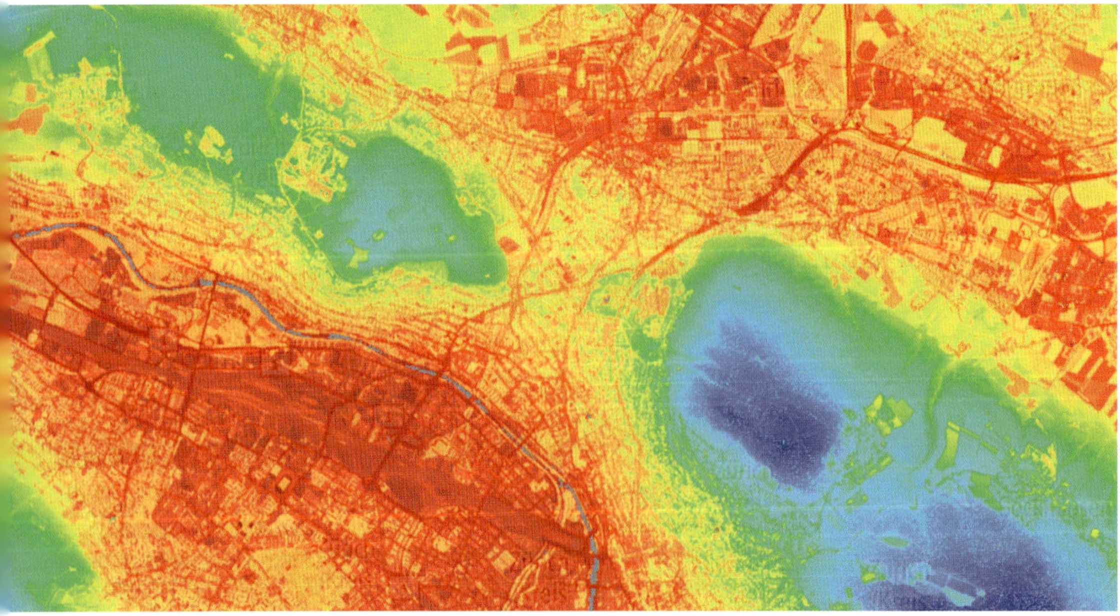

Abb. 4.1: Die Karte zeigt die Intensität des städtischen Wärmeinseleffekts von Zürich mit einer Auflösung von 10 x 10 m. Rote Flächen kennzeichnen Hotspots, blaue Flächen kühlere Gebiete.

Abb. 4.2: Die Frischluftströme nach Frankfurt kommen über den Main und von Norden her entlang der Nidda und aus dem Taunus (im Hintergrund).

Auftrieb in die Höhe. Zur Kompensation der aufsteigenden Warmluft strömt Luft aus dem Umland in die Stadt ein. Die Verhältnisse sind damit ähnlich wie bei der Land-/Seewindzirkulation. Auch zwischen Grünflächen innerhalb des Stadtgebiets und umliegenden dicht bebauten Bereichen können diese Effekte auftreten.

Der Flurwind ist generell eher schwach, kann aber bei vielen Windrichtungsuntersuchungen nachgewiesen werden. Dabei ist er vor allem für lufthygienische Belange bedeutend. Denn mit dem Wind wird zum einen weniger belastete Frischluft vom Umland in die Stadt transportiert und damit für eine Verbesserung der Luftqualität gesorgt. Zum anderen bringt der Flurwind bodennah kühlere Luftmassen und mindert dadurch den städtischen Wärmeinseleffekt (Abb. 4.2).

Liegen Städte in oder in der Nähe von orographisch gegliedertem Gelände, können zudem Berg- und Talwindzirkulationen und die damit verbundenen Hangwinde die Windverhältnisse im Stadtgebiet beeinflussen. Ein Beispiel hierfür ist die Durchluftung von München durch die großräumige Wechselwirkung mit den Alpen („Alpines Pumpen"). Aber auch in Städten in der Nähe von Mittelgebirgen spielen lokale Winde eine Rolle, wie der „Höllentäler" in Freiburg, der kühle Frischluft aus dem Schwarzwald bringt. Die thermischen Windsysteme können jedoch nur wirken, wenn bei der Stadtplanung entsprechende Frischluftschneisen freigehalten werden.

Die Stadt als Strömungshindernis

Auf die großräumige Strömung wirkt die Stadt wie ein Berg, der um- und teilweise auch überströmt wird. Vor der Stadt (im Luv) erfährt die Strömung daher eine leichte

Abb. 4.3: In der Hamburger HafenCity gibt es Probleme mit zugigen Ecken und Windschneisen.

Aufwärtskomponente und hinter der Stadt (im Lee) eine leichte Abwärtskomponente. Innerhalb des Stadtgebiets ist das bodennahe Windfeld sehr komplex und stark beeinflusst von den Gegebenheiten wie der Bebauungsdichte, der Höhenverteilung der Bebauung, der Gebäudegeometrie und dem Verhältnis von Gebäudehöhe zum Abstand der Gebäude. Hinzu kommt der Einfluss der Vegetation (Wiesen, Parks und Bäume) auf das Windfeld. Durch die zahlreichen Strömungshindernisse mit verschiedenen Höhen weist die Stadt eine erhöhte Rauigkeit auf. In direkter Bodennähe wird der Wind dadurch abgeschwächt. Ein typischer Wert ist eine Abnahme der Windgeschwindigkeit im Stadtgebiet um bis zu 40 Prozent.

Im Detail gibt es aber natürlich auch „windige Ecken" mit lokal verstärkten Strömungen. An der Hamburger HafenCity-Universität ergaben Messungen beispielsweise, dass an einigen Gebäudepunkten Windböen vorkommen, die dreimal so stark wie in der Umgebung sind (Abb. 4.3). Ein weiteres Beispiel: Der Taifun „Jebi" brachte im japanischen Osaka am 4. September 2018 lokal verstärkte Böenspitzen von bis zu 250 km/h. Bei Straßenschluchten sind die Verhältnisse je nach Anströmrichtung sehr unterschiedlich. So wird bei senkrechter Anströmung die Windgeschwindigkeit um bis zu 80 Prozent verringert, während sich bei nahezu paralleler Anströmung die Windgeschwindigkeit infolge der Kanalisierung erhöht. Durch alleenartige Baumpflanzungen werden die Windgeschwindigkeiten in Straßenschluchten reduziert. Das bedeutet einerseits eine Behinderung des Luftaustauschs zwischen Straßenschlucht und Umgebung, aber andererseits können so auch unerwünschte Kanalisierungseffekte verringert werden. Bäume haben also in mehrfacher Hinsicht Einfluss auf das Stadtklima. Inzwischen gibt es Stadtklimamodelle, die die atmosphärischen Prozesse gebäudeauflösend simulieren können. So versucht man, weitere Erkenntnisse über das sehr komplexe städtische Windfeld zu erlangen.

Lítla Dímun ist die kleinste der 18 Färöer-Inseln im Nordatlantik und als einzige von ihnen unbewohnt. Häufig bildet sich dort eine Wolkenkappe, die wie ein Hut auf dem 414 m hohen Berg Rávan aussieht. Nebel und tiefe Wolken spielen eine wichtige Rolle im sehr wechselhaften Wetter auf den Färöer. So entstanden in der färöischen Sprache 37 unterschiedliche Wörter für die feinen Abstufungen der Nebelarten. Beispiele sind der skoðða, der bei windigem Wetter die Berge einhüllt, der pollamjørki, der sich bei ruhigem Wetter im Sommer wie ein Tuch zwischen die Berge auf Land und Meer legt, oder der mjørki, der immer wieder die Hauptstadt Tórshavn einhüllt. Der regelmäßige, jedoch selten länger anhaltende Regen und der viele Nebel liefern die Feuchtigkeit für die saftig grünen Wiesen auf den Färöer.

5

Wetter und Natur

Ende eines Baum-Wahrzeichens

„Paris hat den Eiffelturm, London den Big Ben und wir haben unseren Cotton Tree," hieß es in Sierra Leone. Der 70 Meter hohe Cotton Tree („Baumwollbaum") war das Wahrzeichen von Freetown, der Hauptstadt von Sierra Leone und auch auf Briefmarken und Banknoten abgebildet. Er stand auf einer Verkehrsinsel in einer wichtigen Straßenkreuzung im Stadtzentrum und überragte die umliegenden Häuser. Botanisch gesehen handelte es sich bei dem Baum um einen mehrere hundert Jahre alten Kapokbaum (Ceiba pentandra), ein Wollbaumgewächs mit markanten Merkmalen. Neben dem sehr dicken Stamm sind vor allem die aufgefächerten Brettwurzeln charakteristisch. Die der Rosskastanie ähnlichen Blätter werden zu Beginn der Trockenzeit abgeworfen. Die rosafarbenen, weißen oder gelblichen Blüten blühen nur nachts, da sie vor allem von Fledermäusen angeflogen werden. Eine weitere Besonderheit sind die etwa 25 cm langen Früchtekapseln. Darin sind schwarze Samen enthalten, die von einer flaumigen Faser umhüllt sind. Dadurch werden die Samen durch den Wind weit verbreitet. Am 25. Mai 2023 herrschte Trauerstimmung in Sierra Leone, denn in der Nacht zuvor wurde der Cotton Tree während eines heftigen Gewitters zerstört. Die Straßen waren von seinen Trümmern übersät, nur der untere Stamm stand noch als kümmerlicher Rest.

Der Cotton Tree von Freetown war einer der berühmtesten Bäume Afrikas.

Mai in Freetown

Die Stadt Freetown (8° 29' N, 13° 14' W) wurde von ehemaligen Sklaven aus Nordamerika gegründet. Sie hatten auf Seiten der Briten gegen die amerikanische Unabhängigkeit gekämpft und waren dafür mit Land in Westafrika belohnt worden. Als sie 1792 die Küste erreichten, sahen sie der Überlieferung nach einen mächtigen Baum. Unter dessen Krone versammelten sie sich zum ersten Gottesdienst in der neuen Heimatstadt, der sie den Namen Freetown gaben, die freie Stadt. Es gibt dort große Gegensätze zwischen der Regenzeit mit Höhepunkt im Juli und August, wenn die monatlichen Regenmengen bis über 1000 mm betragen, und den fast regenfreien Monaten Dezember bis März. Zu Beginn der Regenzeit im Mai und gegen Ende im November kommen heftige Gewitter vor. Die mittleren Höchstwerte liegen ganzjährig um 30 °C, wobei die Saharaluft während der Trockenzeit wesentlich erträglicher ist als die extreme Schwüle ab Ende Mai.

Wetterwissen

Angst vor dem Kometenschweif

Helle Kometen beeindruckten schon immer die Menschen, nicht nur aufgrund ihres Aussehens, sondern auch weil sie scheinbar unvermittelt auftauchen und verschwinden. In früheren Zeiten wurden sie daher oft als Unglücksboten angesehen, vor allem wenn das Erscheinen eines Kometen zufälligerweise tatsächlich mit einem schlimmen Ereignis zusammenfiel. Dieser Aberglaube hielt sich noch lange, selbst als schon bekannt war, dass es sich bei Kometen um gewöhnliche außerirdische Himmelskörper handelt. Etwas anders geartet war die Aufregung, die durch die Wiederkehr des Halleyschen Kometen im Jahr 1910 ausgelöst wurde. Hier sorgte eine übertriebene und falsche Berichterstattung für eine Massenhysterie. Nachdem im Schweif des Kometen spektroskopisch die giftige Verbindung Dicyan nachgewiesen wurde, gab es Spekulationen über eine Vergiftungsgefahr, die beim Kontakt der Erde mit dem Kometenschweif drohen sollte. So verschanzten sich viele Menschen in ihren Häusern, nachdem sie Türen und Fenster abgedichtet hatten. Findige Geschäftemacher verkauften nicht nur Gasmasken, sondern auch Medikamente, die sogenannten „anti-comet pills", die einer Vergiftung vorbeugen sollten. Auch die Versicherung von Astronomen, dass die Dichte des Schweifs viel zu gering sei, um Schaden anzurichten, änderte nichts an der Massenhysterie.

Die Postkarte aus dem Jahr1910 zeigt den Broadway der Stadt Gary nahe Chicago im Nordwesten des US-Bundesstaates Indiana. Als Datum wurde der 20. Mai gewählt, denn an diesem Tag erreichte der Halleysche Komet seine größte Annäherung an die Erde. Der Himmel mit den Sternen und dem Kometen ist wie in dieser Zeit üblich „nur" eine künstlerische Darstellung.

Typische Wetterlagen im Mai

Südost, Süd, Südwest: Frühsommerlich warme Tage bei 22 bis knapp über 30 °C. Im Westen und Norden teilweise bewölkt mit etwas Regen, nach Osten und Süden hin Wechsel zwischen Sonne und lockeren Wolkenfeldern. Vor allem im Bergland und von Südwesten her örtliche Gewitterschauer.

West, Tiefdrucklage über Mitteleuropa: Wechselhaftes Wetter. Durchzug von Fronten mit Regen (manchmal auch Gewittern), dazwischen sonnige Phasen. Wechsel zwischen warmer Meeresluft mit Temperaturen von 16 bis 23 °C und kalter Meeresluft mit 13 bis 19 °C, in Hochlagen über 2000 m Neuschnee.

Nordwest, Nord: Wechselhaftes Wetter. Besonders nach Osten hin und am Nordalpenrand immer wieder Regen, Schnee manchmal bis unter 1500 m herab. Kühl bei Temperaturen von 8 bis 15 °C (Monatsanfang) bzw. 11 bis 18 °C (Monatsende). In klaren Nächten in der ersten Monatshälfte leichter Frost bis -2 °C möglich.

Nordost, Ost, Hochdrucklage über Mitteleuropa: Viel Sonne bei Schönwetterwolken ab Spätvormittag. Bei mehrtägigem sonnigen Wetter von Tag zu Tag etwas wärmer: zunächst 15 bis 22 °C, später 20 bis 27 °C. In den Nächten kühl bei 3 bis 10 °C.

Am 21. Mai 2011 gab es in Süddeutschland Sonnenschein und Höchstwerte um 25 °C. Im Tagesverlauf bildeten sich vor allem über dem Bergland lokale Gewitter. Das Foto zeigt die abendliche Wolkenstimmung vom Hohenpeißenberg aus gesehen.

1 Mi
Tag der Arbeit
Düsseldorf (Min./Max. 1993-2022): im Mittel 6,9°C / 17,7°C
Extremwerte: -1,2°C (2021) / 28,9°C (2005)
Sonne: 5:55 – 20:39
Mond: A 3:26 – U 11:41
Tag °C
Nacht °C

2 Do
Erfurt (Min./Max. 1993-2022): im Mittel 6,0°C / 16,2°C
Extremwerte: -1,9°C (2011) / 30,0°C (2003)
Sonne: 5:54 – 20:40
Mond: A 3:50 – U 13:07
Tag °C
Nacht °C

3 Fr
Frankfurt/M. (Min./Max. 1993-2022): im Mittel 7,7°C / 18,7°C
Extremwerte: -1,4°C (2021) / 29,6°C (2003)
Sonne: 5:52 – 20:42
Mond: A 4:09 – U 14:33
Tag °C
Nacht °C

4 Sa
Stuttgart (Min./Max. 1993-2022): im Mittel 7,1°C / 17,4°C
Extremwerte: -1,4°C (2006) / 29,1°C (2005)
Sonne: 5:50 – 20:43
Mond: A 4:25 – U 15:59
Tag °C
Nacht °C

5 So
Augsburg (Min./Max. 1993-2022): im Mittel 5,7°C / 17,1°C
Extremwerte: -3,9°C (2011) / 29,6°C (2003)
Sonne: 5:48 – 20:45
Mond: A 4:40 – U 17:25
Tag °C
Nacht °C

Wetter und Garten

Schneeglöckchenbäume sind winterharte Großsträucher oder kleine Bäume mit Wuchshöhen von meist unter zehn Metern. In den ersten Jahren entwickeln sie sich schlank aufrecht, mit zunehmendem Alter dann ausla dend und verzweigt. An den Vorjahrestrieben erscheinen kurz vor dem Blattaustrieb viele weiße Blüten. Die glockenförmigen Blütenköpfe hängen an den Ästen herab und wirken dadurch wie die Blüten der Schneeglockchen. Vier Arten der Schneeglöckchenbäume (botanischer Name Halesia) wachsen in Nordamerika, vorwiegend im Südosten der USA. Eine Gattungsart (Halesia macgregorii) ist im Osten Chinas verbreitet. Der Standort der Schneeglöckchenbäume sollte sonnig oder halbschattig und windgeschützt sein. Im Schatten leidet die Blütenfülle.

Erste Sommertage in Berlin

Am 9. Mai 2021 stieg die Temperatur in Berlin-Dahlem auf 26,9 °C. Damit lag der erste Sommertag des Jahres (mit einem Höchstwert von mindestens 25 °C) genau am mittleren Eintrittstermin, bezogen auf die neue Klimanormalperiode 1991 bis 2020. Dieser Termin hat sich im Laufe der letzten Jahrzehnte nur unwesentlich verändert. In der vorherigen Normalperiode 1961 bis 1990 war es der 11. Mai. Im Jahr 2022 gab es den ersten Sommertag am 10. Mai (Höchstwert 26,0 °C), 2023 dagegen erst am 21. Mai (Höchstwert 27,5 °C).

Tückische Roggenpollen

Weizen, Hafer und Gerste werden nicht über den Wind bestäubt, sie sind Selbstbefruchter. Eine Allergie auf diese Arten von Getreidepollen tritt daher sehr selten auf. Roggen produziert dagegen im Mai und Juni in großen Mengen Blütenstaub, der über weite Strecken durch die Luft transportiert wird, und weist eine bis zu fünfmal höhere allergene Potenz auf als die meisten Gräserpollen. Bereits 10 bis 15 Pollen pro Kubikmeter Luft können ausreichen, um allergische Symptome auszulösen.

6 Mo
Hamburg (Min./Max. 1993-2022): im Mittel 7,0°C / 17,9°C
Extremwerte: -1,0°C (2017) / 28,2°C (1998)
Sonne: 5:47 – 20:46
Mond: A 4:54 – U 18:53
Tag °C
Nacht °C

7 Di
Berlin (Min./Max. 1993-2022): im Mittel 8,7°C / 19,4°C
Extremwerte: 0,7°C (2020) / 29,8°C (2021)
Sonne: 5:45 – 20:48
Mond: A 5:11 – U 20:22
Tag °C
Nacht °C

8 Mi
Düsseldorf (Min./Max. 1993-2022): im Mittel 8,3°C / 19,3°C
Extremwerte: -1,1°C (2020) / 31,7°C (1998)
Sonne: 5:44 – 20:49
Mond: A 5:32 – U 21:51
●
Tag °C
Nacht °C

9 Do
Erfurt (Min./Max. 1993-2022): im Mittel 7,1°C / 17,6°C
Extremwerte: -2,9°C (2020) / 27,4°C (2012)
Sonne: 5:42 – 20:51
Mond: A 5:59 – U 23:16
Christi Himmelfahrt
Tag °C
Nacht °C

10 Fr
Frankfurt/M. (Min./Max. 1993-2022): im Mittel 9,1°C / 20,2°C
Extremwerte: -0,7°C (2021) / 30,2°C (2012)
Sonne: 5:40 – 20:52
Mond: A 6:37 – U - -
Tag °C
Nacht °C

11 Sa
Stuttgart (Min./Max. 1993-2022): im Mittel 8,0°C / 18,9°C
Extremwerte: -0,4°C (2021) / 30,6°C (2012)
Sonne: 5:39 – 20:54
Mond: U 0:30 – A 7:27
Tag °C
Nacht °C

12 So
Augsburg (Min./Max. 1993-2022): im Mittel 6,5°C / 18,7°C
Extremwerte: -2,3°C (2019) / 30,0°C (2012)
Sonne: 5:37 – 20:55
Mond: U 1:26 – A 8:31
Pankratius (Eisheiliger)
Tag °C
Nacht °C

13 Mo Hamburg (Min./Max. 1993-2022): im Mittel 7,6°C / 17,6°C — Sonne: 5:36 – 20:57
Extremwerte: -0,4°C (2020) / 29,9°C (2000) — Mond: U 2:07 – A 9:43
Servatius (Eisheiliger)
Tag °C
Nacht °C

14 Di Berlin (Min./Max. 1993-2022): im Mittel 9,0°C / 19,3°C — Sonne: 5:35 – 20:58
Extremwerte: 1,2°C (2019) / 31,6°C (2000) — Mond: U 2:36 – A 10:58
Bonifatius (Eisheiliger)
Tag °C
Nacht °C

15 Mi Düsseldorf (Min./Max. 1993-2022): im Mittel 8,3°C / 19,1°C — Sonne: 5:33 – 20:59
Extremwerte: -0,1°C (2012) / 30,4°C (2022) — Mond: U 2:57 – A 12:11
Kalte Sophie (Eisheilige), Tag des Klimas ◐
Tag °C
Nacht °C

16 Do Erfurt (Min./Max. 1993-2022): im Mittel 7,2°C / 17,5°C — Sonne: 5:32 – 21:01
Extremwerte: -1,0°C (1995) / 27,6°C (2022) — Mond: U 3:12 – A 13:22
Tag °C
Nacht °C

17 Fr Frankfurt/M. (Min./Max. 1993-2022): im Mittel 9,0°C / 20,1°C — Sonne: 5:30 – 21:02
Extremwerte: 0,3°C (2012) / 31,4°C (2022) — Mond: U 3:25 – A 14:31
Tag °C
Nacht °C

18 Sa Stuttgart (Min./Max. 1993-2022): im Mittel 8,2°C / 18,6°C — Sonne: 5:29 – 21:04
Extremwerte: 0,0°C (1995) / 30,3°C (2022) — Mond: U 3:37 – A 15:39
Tag °C
Nacht °C

19 So Augsburg (Min./Max. 1993-2022): im Mittel 7,0°C / 18,5°C — Sonne: 5:28 – 21:05
Extremwerte: -1,5°C (2003) / 29,3°C (1997) — Mond: U 3:48 – A 16:47
Pfingstsonntag
Tag °C
Nacht °C

16. Mai: „Der Nepomuk uns das Wasser macht, dass uns ein gutes Frühjahr lacht."

Während der Hauptwachstumsphase im Mai und Juni ist eine ausreichende Wasserversorgung der Pflanzen wichtig. Wochenlange Trockenperioden kommen in diesen Wochen ungelegen. Endloses kühles Regenwetter kann aber auch zu viel des Guten sein. Für solche Fälle gibt es das Stoßgebet „Heiliger Sankt Nepomuk treib uns die Wassergüsse z'ruck."
Im Mai 2023 kam der Umschwung von kühlen und regenreichen Wochen zu warmem Frühsommerwetter ein paar Tage nach Nepomuk. Diese Phase dauerte dann aber so lange an, dass im Juni zunehmend Dürre herrschte.

Nepomuk gilt als Brückenheiliger, hat aber im Fall der bei der Ahrtalflut 2021 zerstörten Nepomukbrücke in Rech versagt.

Farbige Meeresforschung

Die Ozeane gehören zu den wichtigsten Komponenten im Klimasystem. Ihre Rolle ist so komplex, dass es verschiedene Forschungsbereiche gibt, die sich mit Fragen zum „blauen, grünen und weißen Ozean“ befassen. Der Begriff „blauer Ozean“ bezieht sich auf den physischen Zustand der Meere. Von Bedeutung sind Parameter wie Temperaturen in unterschiedlichen Wassertiefen, Strömungen, Wellen und Salzgehalt. Unter „grünen Ozean“ versteht man die biogeochemischen Prozesse im Ozean, wie den Austausch von chemischen Substanzen zwischen dem Leben im Meer und der übrigen Umwelt. Der grüne Ozean umfasst unter anderem die Veränderungen der Chlorophyll-Konzentration, der Nährstoffe im Meer sowie die Versauerung der Meere durch die verstärkte Aufnahme von Kohlendioxid aus der Atmosphäre. Zum „weißen Ozean“ gehört der Lebenszyklus jeder Art von Eis, das auf der Meeresoberfläche in den Polarregionen treibt. Wichtige Kenngrößen des weißen Ozeans sind das Ausmaß des Meereises und das Volumen in den arktischen, antarktischen Regionen und in der Ostsee.

20 Mo
Pfingstmontag
Hamburg (Min./Max. 1993-2022): im Mittel 8,7°C / 18,7°C
Extremwerte: 0,0°C (1995) / 29,7°C (2014)
Sonne: 5:27 – 21:06
Mond: U 3:59 – A 17:57
Tag °C
Nacht °C

21 Di
Berlin (Min./Max. 1993-2022): im Mittel 10,4°C / 20,7°C
Extremwerte: 2,5°C (1997) / 30,9°C (2007)
Sonne: 5:26 – 21:08
Mond: U 4:12 – A 19:10
Tag °C
Nacht °C

22 Mi
Düsseldorf (Min./Max. 1993-2022): im Mittel 9,4°C / 20,3°C
Extremwerte: 0,6°C (2013) / 30,1°C (2005)
Sonne: 5:24 – 21:09
Mond: U 4:28 – A 20:26
Tag °C
Nacht °C

23 Do
Erfurt (Min./Max. 1993-2022): im Mittel 8,5°C / 18,7°C
Extremwerte: -0,2°C (1995) / 29,1°C (2007)
Sonne: 5:23 – 21:10
Mond: U 4:49 – A 21:43
○
Tag °C
Nacht °C

24 Fr
Frankfurt/M. (Min./Max. 1993-2022): im Mittel 10,2°C / 21,3°C
Extremwerte: 0,8°C (1995) / 31,3°C (2007)
Sonne: 5:22 – 21:11
Mond: U 5:18 – A 22:57
Tag °C
Nacht °C

25 Sa
Stuttgart (Min./Max. 1993-2022): im Mittel 9,1°C / 20,2°C
Extremwerte: 0,6°C (2004) / 31,6°C (2022)
Sonne: 5:21 – 21:13
Mond: U 5:59 – A - -
Tag °C
Nacht °C

26 So
Augsburg (Min./Max. 1993-2022): im Mittel 8,0°C / 19,8°C
Extremwerte: -1,3°C (2004) / 31,0°C (2022)
Sonne: 5:20 – 21:14
Mond: A 0:02 – U 6:55
Tag °C
Nacht °C

27 Mo
Hamburg (Min./Max. 1993-2022): im Mittel 9,2°C / 19,8°C
Extremwerte: 2,5°C (2004) / 33,5°C (2005)
Sonne: 5:19 – 21:15
Mond: A 0:52 – U 8:07
Tag °C
Nacht °C

28 Di
Berlin (Min./Max. 1993-2022): im Mittel 10,9°C / 21,6°C
Extremwerte: 2,4°C (1997) / 32,6°C (2005)
Sonne: 5:18 – 21:16
Mond: A 1:29 – U 9:29
Tag °C
Nacht °C

29 Mi
Düsseldorf (Min./Max. 1993-2022): im Mittel 10,2°C / 21,3°C
Extremwerte: 2,2°C (1994) / 33,8°C (2017)
Sonne: 5:17 – 21:17
Mond: A 1:55 – U 10:54
Tag °C
Nacht °C

30 Do
Fronleichnam
Erfurt (Min./Max. 1993-2022): im Mittel 8,9°C / 19,2°C
Extremwerte: 1,2°C (2004) / 31,4°C (2005)
Sonne: 5:17 – 21:18
Mond: A 2:15 – U 12:19
Tag °C
Nacht °C

31 Fr
Frankfurt/M. (Min./Max. 1993-2022): im Mittel 10,9°C / 22,3°C
Extremwerte: 3,2°C (2004) / 33,2°C (2017)
Sonne: 5:16 – 21:19
Mond: A 2:31 – U 13:43
Tag °C
Nacht °C

Vom Regen in die Traufe

Die Traufe ist der untere Abschluss eines Daches. Wenn keine Dachrinne vorhanden ist, fließt das Wasser dort auf der gesamten Breite des Hauses als großer Schwall ab. Wer unter einem solchen Dach steht, bekommt also statt einzelner Regentropfen einen ganzen Schwall Regenwasser ab - und kommt vom Regen in die Traufe. Mit hoher Wahrscheinlichkeit hat diese Redensart ihren Ursprung im Orient. Im deutschen Sprachraum kommen die Menschen etwa seit dem 17. Jahrhundert vom Regen in die Traufe. Das Wort „Traufe" geht auf das althochdeutsche Wort „trouf" zurück, das „triefen" bedeutet. Heute gibt es zahlreiche Bauvorschriften rund um die Traufe und auch das sogenannte Traufrecht, das den Regenwasserabfluss über ein Nachbargrundstück regelt.

Monatsthema

Klimafaktoren für den Weinbau

Grundsätzlich kann Wein überall dort produziert werden, wo die klimatischen Bedingungen ein gutes Wachstum der Weinrebe sowie das Ausreifen der Weintrauben im Herbst ermöglichen. Verschiedene Klimafaktoren wie Niederschläge, Windverhältnisse, Sonnenscheindauer sowie die Temperaturen spielen sowohl für die Weinqualität als auch für den Typ des zu erwartenden Weins eine große Rolle (Abb. 5.1). Einige dieser Faktoren konkurrieren miteinander. Eine Witterung, die der Rebe eine optimale Wasserversorgung ermöglicht, kann zum Beispiel dazu führen, dass die Sonnenscheindauer nicht ausreicht oder die Temperaturen zu niedrig liegen, um die Trauben zur Vollreife zu bringen. Darüber hinaus stellt jede einzelne Rebsorte individuelle Ansprüche. Es gilt herauszufinden, welche Rebsorte zu den klimatischen Bedingungen einer Region passt.

Niederschläge

Ein besonders wichtiger Klimafaktor für den Weinbau ist die Höhe der jährlichen Niederschläge. Allgemein geht man davon aus, dass in einem kühleren Klima mit geringer Verdunstung mindestens 500 mm im Jahr ausreichend sind, um die Weinrebe mit ausreichend Feuchtigkeit für ihr vegetatives

Abb. 5.1: Mit steigenden Temperaturen gewinnt der Weinbau derzeit in Ländern wie England und Dänemark an Bedeutung. Auch in Norwegen und Schweden gelingen erste Versuche (im Bild das Weingut Kullabergs Vingard in Kullahalvön nahe Helsingborg). Besonders gut gedeiht eine Kreuzung aus Riesling und Grauburgunder.

Abb. 5.2: Die Rebblüten werden durch Selbstbestäubung befruchtet. Ein paar Wochen nach der Blüte ist am Fruchtstand zu erkennen, wie gut es funktioniert hat.

Wachstum sowie den Reifeprozess der Trauben zu versorgen. In einem warmen und heißen Klima mit dementsprechend höheren Verdunstungsraten werden 600 bis 750 mm Niederschlag pro Jahr als ausreichend angesehen. Von entscheidender Bedeutung ist auch die Beschaffenheit des Bodens, insbesondere seine Speicherkapazität für Wasser, seine Tiefgründigkeit und die Frage, ob Grundwasser führende Schichten vorhanden bzw. für die Rebwurzeln erreichbar sind. Unter idealen Bodenbedingungen können Trauben auch bei weniger als 500 mm Niederschlag pro Jahr noch zur Vollreife gelangen, wenn auch oftmals bei verminderten Erträgen.

Ein weiterer wichtiger Faktor im Zusammenhang mit den jährlichen Niederschlägen ist der Zeitpunkt im Jahr, zu dem sie fallen. In den südeuropäischen Anbaugebieten fallen die meisten Niederschläge im Winter und frühen Frühjahr, also außerhalb der Vegetationsperiode der Rebe. Auch hier ist es wieder die Frage des Bodens, wie er die Feuchtigkeit speichern und zu späterer Zeit der Rebe zur Verfügung stellen kann. Regen zur Zeit der Blüte und des Fruchtansatzes im Mai/Juni in Europa bzw. November/Dezember auf der Südhalbkugel kann die Neigung mancher Rebsorten zum Abwerfen der gerade entstandenen Fruchtansätze („Verrieselung") fördern und damit großen Einfluss auf die Erntemenge nehmen (Abb. 5.2). Regen während des Sommers ist für den Weinbau weniger ein Problem, solange die Luftfeuchtigkeit nicht so hoch ist, dass es zur Ausbreitung von Pilzerkrankungen kommt. Allerdings ist ein verregneter Sommer auch fast immer kühl und wolkenverhangen. In der Reifeperiode der Weintrauben kommt Regen dagegen ungelegen, es sei denn, es ging eine längere Dürreperiode voraus. Aber auch dann ist er nur in Maßen von Nutzen, denn sonst droht die Verwässerung der Beeren. Zudem gehen mit starken Regenfällen zur Lesezeit auch fehlender Sonnenschein und kühle Temperaturen einher, die den Reifeprozess verzögern und im Extremfall zum Stillstand bringen können. Außerdem wird die Ausbreitung gefürchteter Pilzerkrankungen wie der Graufäule oder bakterieller Erkrankungen gefördert. Deshalb ist ein langer, milder und trockener Herbst der beste Garant für völlig ausgereiftes, gesundes Traubengut und damit einen guten Jahrgang.

Wind

In normalen Ausmaßen hat Wind durchweg positive Auswirkungen auf die Weinrebe und damit auch auf die Weinqualität. Die ständige Bewegung kräftigt den Stamm und die Triebe und fördert das Holzwachstum. Darüber hinaus begrenzt der Wind in gewissem Maß die allzu starke Ausbreitung vieler Blattschädlinge, insbesondere der verschiedenen schädigenden Blattmilben. Trockene Winde verringern die Krankheitsanfälligkeit der Reben insbesondere nach starken Regenfällen, wenn die Gefahr von Pilzerkrankungen besonders groß ist.
So gibt es in einigen Gegenden mit besonders kräftigen Winden, wie in der südfranzösischen Provence, kaum Probleme mit Mehltau, Graufäule oder anderen Pilzerkrankungen. Feuchte, kühlere Winde vom Meer oder anderen größeren Wasserflächen her können den Hitzestress der Pflanzen im Sommer mildern und tragen im Herbst zum optimalen Reifeverlauf der Weintrauben bei. Lediglich lang anhaltende, trocken-heiße Winde können die Pflanze schädigen, da sie sehr viel Feuchtigkeit verdunsten, die dem Rebstock dann nicht mehr für seinen Stoffwechselkreislauf zur Verfügung steht. Darüber hinaus können sehr starke Winde, insbesondere Sturmböen in Gewitternähe, die Rebstöcke beschädigen, vom Abreißen der Trauben und des Laubes bis hin zum Bruch des Holzes (Abb. 5.3).

Abb. 5.3: Unwetter wie hier über dem Pfälzer Wald bei Bad Dürkheim sind im Weinbau wegen der Gefahr von Sturmböen und Hagelschlag gefürchtet. Im ungünstigsten Fall drohen Totalausfälle.

Abb. 5.4: In den letzten Jahrzehnten erhöhte sich in Deutschland die Zahl der Sonnenstunden im Sommer und Frühherbst. Im Oktober gab es dagegen keine Änderung.

Sonnenschein

Es ist kein Geheimnis, dass viel Sonnenschein zu besserem Wachstum der Rebe und schließlich zu optimaler Ausreifung führt. Die Gegenden, in denen beinahe unbegrenzt die Sonne scheint, sind allerdings meist die heißesten und vor allem trockensten Gebiete, in denen die Reben mitunter schwerem Wasserstress bis hin zum Zusammenbruch des Stoffwechsels der Pflanzen ausgesetzt sind, wenn keine Bewässerung stattfindet.
Es kommt auch darauf an, zu welchem Zeitpunkt der Vegetationsperiode der Pflanze die meiste Sonnenenergie zur Verfügung steht. Ein heißer, sonniger Hochsommer gefolgt von einem feuchten, kühlen und sonnenarmen August und September verspricht keine besonders gute Weinqualität. Schöne, sonnige und warme Tage zur Zeit der Reife der Trauben können dagegen einen nicht allzu sonnigen Sommer aufwiegen, denn in der Regel entscheidet der letzte Monat der Saison mehr über die Qualität der Trauben als die Monate davor (Abb. 5.4).

Temperaturen

Zu den wichtigsten der für den Weinbau relevanten Klimafaktoren gehören auch die Durchschnittstemperaturen während der verschiedenen Vegetationsphasen der Rebe. Im Winter, wenn die Vegetation ruht, ist die Rebpflanze je nach Lage des Anbaugebiets unterschiedlich tiefen Temperaturen ausgesetzt. Besonders winterhart ist der Riesling, der sogar Kälteperioden bis zu -20 °C übersteht. In manchen Gegenden werden die Ruten der Reben, die die Augen tragen (die Laub- und Fruchtansätze für das kommende

Abb. 5.5: In den Nächten vom 6. bis 8. April 2021 wurden in mehreren französischen Weinbauregionen Temperaturen bis zu -7 °C gemessen. Bei dieser Kälte hatten die Feuer im Weinberg vielerorts nicht ausgereicht, um massive Frostschäden zu vermeiden. In Bordeaux waren beispielsweise zwischen 30 und 50 Prozent der Weinberge von Frostschäden betroffen.

Jahr) mit Erde bedeckt, um den schlimmsten Frost zu mindern. Rebsorten mit weniger winterhartem Gehölz wie der Müller-Thurgau drohen sonst in besonders kalten Perioden zu erfrieren. In den weiter südlich gelegenen Weinbaugebieten ist Winterfrost ein weniger intensiv auftretendes Problem, doch sind die hier gepflanzten Rebsorten meist empfindlicher, so dass es bei Kälteeinbrüchen dennoch zu gravierenden Frostschäden kommen kann.

Bei durchschnittlichen Lufttemperaturen von 10 °C beginnt im Frühjahr das Wachstum der Rebe. Doch gerade zu dieser Jahreszeit, während des Austriebs der neuen Triebspitzen, drohen in vielen Weinbaugebieten Frostgefahren. Die Jungtriebe besitzen wenig Toleranz, bereits Temperaturen unter -1 °C können stark negative Auswirkungen auf die Ertragsmenge und die Weinqualität haben. Stärkere Spätfröste können sogar zum völligen Ernteausfall führen (Abb. 5.5). Normalerweise sind Spätfröste lokal begrenzt, doch gibt es auch Jahre, in denen viele Weinbaugebiete einer Klimazone betroffen sind, wie im April 1991, als von Bordeaux über die Loire, Burgund, die Champagne, das Elsass, alle deutschen Anbaugebiete und sogar bis nach Mittelitalien schwere Spätfröste auftraten.

Im Sommer liegt das Temperaturoptimum für das vegetative Wachstum der Rebpflanze bei ca. 25 °C. Sowohl bei niedrigeren als auch bei höheren Temperaturen wird das Wachstum gebremst, bei niedrigeren Temperaturen deshalb, weil meist nicht genügend Energie aus der Photosynthese zur Verfügung steht, denn niedrigere Temperaturen

Abb. 5.6: Herbststimmung in der Pfalz. Erste Fröste sind noch vor der Weinlese möglich („Frühfröste"). Wenn die Traubenreife schon sehr fortgeschritten ist, gibt es für die Trauben und Rebstöcke nur geringe Nachteile. Unreife Weinbeeren können sich dagegen je nach Sorte rotbraun verfärben und es droht eine Geschmacksveränderung.

sind im Sommer oft das Resultat eingeschränkten Sonnenscheins. Bei höheren Temperaturen wächst die Rebe aber nicht schneller, denn nun benötigt sie für ihren Eigenbedarf mehr Energie als im Bereich um 25 °C, die dann für das Wachstum nicht mehr zur Verfügung steht.

In den letzten beiden Monaten der Vegetationsperiode, die ganz im Zeichen des Traubenwachstums und der Traubenreife stehen, liegt das optimale Tagesmittel für die Weinrebe je nach Rebsorte und Klimazone zwischen 15 und 21 °C. Bei niedrigeren Durchschnittstemperaturen werden die Weintrauben aller Voraussicht nach nicht zur Vollreife gelangen, was schwerwiegende Konsequenzen für die Qualität des daraus erzeugten Weines hat (Abb. 5.6). Bestimmte Mängel in der Zusammensetzung seiner Inhaltsstoffe können heute zwar durch kellertechnische Maßnahmen wie zum Beispiel Anreicherung oder Entsäuerung ausgeglichen werden, doch sie können den ungünstigen Verlauf der Witterung eines Jahres und die daraus resultierende mangelnde Traubenreife nicht vollständig kompensieren.

Bei zu hohen Temperaturen während der Reifezeit werden in den Trauben die wichtige Apfelsäure und weitere Aromastoffe abgebaut. Hier besteht eine Möglichkeit zur Korrektur in früherer Lese und damit bei einem geringeren Reifegrad des Traubengutes, wenn der Säuregehalt noch höher ist, und in einer äußerst schonenden Vergärung bei

Abb. 5.7: An den Steilhängen entlang der Mosel hat der Rieslinganbau eine lange Tradition. Die spät reifende Rebsorte braucht ein gemäßigtes Klima, um nicht zu schnell zu reifen. Sonst haben die Früchte zu viel Zucker und weniger Säure.

niedrigen Temperaturen, um die Aromen möglichst weitgehend zu erhalten. Abgesehen von diesen allgemeinen Regeln hat jede einzelne Rebsorte für die Traubenreife ihr eigenes Wärmeoptimum (Abb. 5.7).

Temperaturschwankungen

Nicht nur die absolute Höhe der Temperaturen entscheidet über den Reifeverlauf und die Qualität des zu erwartenden Weines, sondern auch die Gleichmäßigkeit der Temperaturen. Grundsätzlich kann festgestellt werden, dass ein möglichst gleichmäßiger Temperaturverlauf für eine optimale Reifeentwicklung ideal ist. Dies gilt allerdings nur unter „normalen" Bedingungen, bei denen sich die Temperaturen tagsüber in der Nähe des optimalen Bereichs bewegen.

Kühlt es nachts zu sehr ab und unterschreiten die Temperaturen für mehrere Stunden die Grenze von 15 °C, dann verlangsamt sich der chemische Prozess, durch den in den Trauben aus Zuckerstoffen die für die Reife wichtigen Farb-, Geschmacks- und Aromastoffe gebildet werden. Bei sehr tiefen Temperaturen kann dieser Prozess sogar völlig zum Stillstand kommen, da die Enzyme, die diese Reaktionen steuern, ihre Aktivität dann einstellen.

Auf der anderen Seite kann eine deutliche nächtliche Abkühlung aber auch sehr willkommen sein und die Traubenreife in manchen Regionen erst ermöglichen. Dies kommt in sehr heißen Weinbaugebieten vor, wo die erforderlichen Temperaturen, bei denen die Enzyme in den Beeren optimal arbeiten, nur in der Kühle der Nacht erreicht werden.

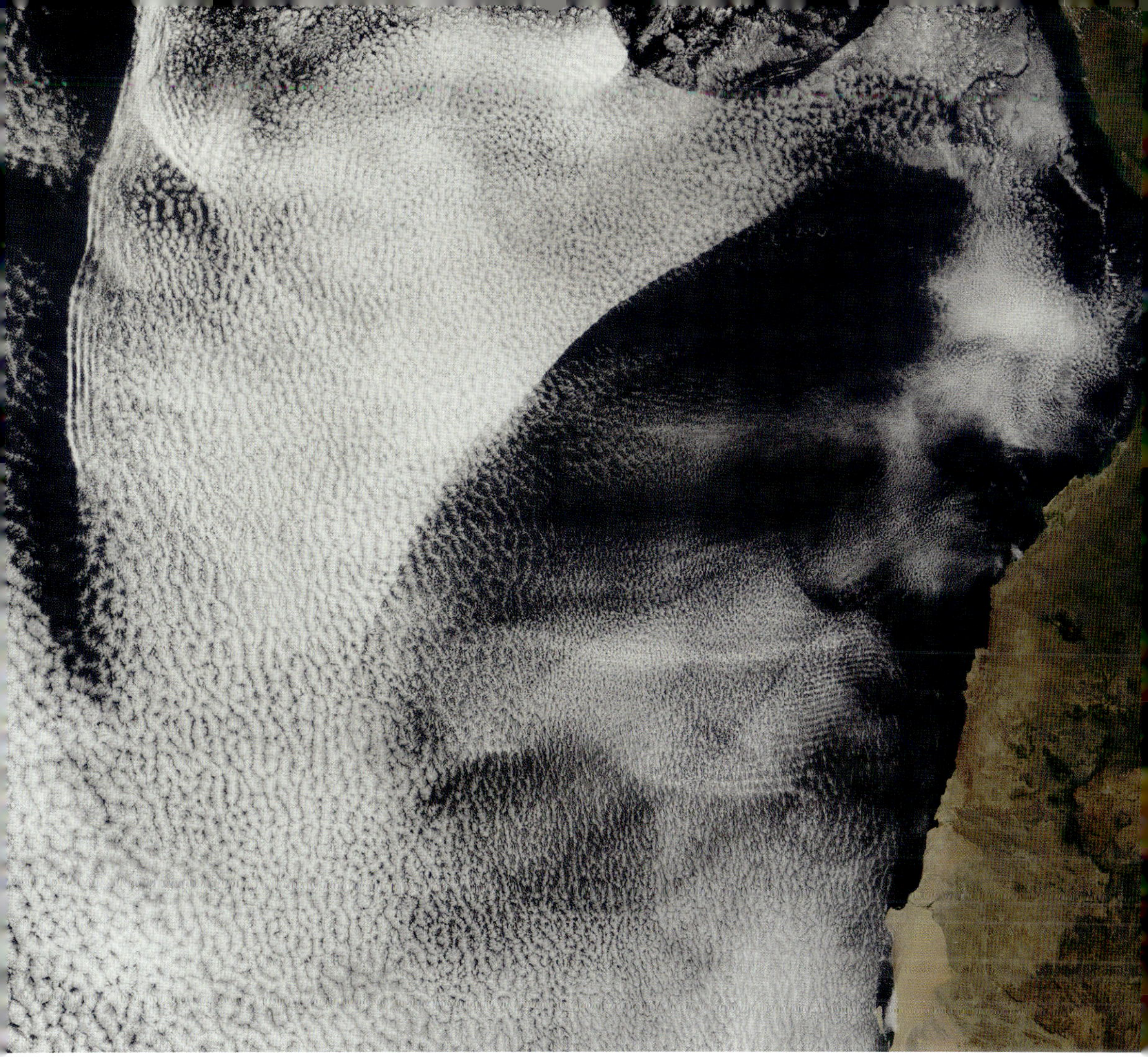

Für den Atlantik vor der Westküste Afrikas sind ausgedehnte Felder von bodennahen Stratocumulus-Wolken typisch. Diese Meereswolken werden auch die „Kühlschränke der Erde" genannt, weil sie viel Sonnenstrahlung in den Weltraum reflektieren. Das Satellitenfoto oben vom 18. Juni 2002 mit Wolken vor den Küsten von Angola und Namibia ist typisch für die im Detail komplizierten Abgrenzungen zwischen bewölkten und wolkenfreien Gebieten. Im Bereich der Wolkenschichten beobachtet man nämlich immer wieder sogenannte Schwerewellen (vergleichbar mit den Wellen auf einer Wasseroberfläche), die beispielsweise von tropischen Gewittern ausgelöst werden können. Bevorzugt nachts kann es beim Durchgang solcher Wellenfronten zu einer überraschenden Auflösung der vermeintlich stabilen Wolken kommen.

Wetter und Natur

Temperaturabhängiger Reisanbau

Die Einflüsse von Temperatur und Sonnenstrahlung auf das Wachstum der Reispflanzen sind nur teilweise verstanden. Bisher wurde davon ausgegangen, dass bei weniger Sonnenstunden und höheren Temperaturen die Erträge sinken können. In die Untersuchungen gingen aber meist nur die Durchschnittstemperaturen einer Region ein. Es zeigt sich aber, dass sich die Tagestiefst- und -höchsttemperaturen unterschiedlich auswirken: Höhere Tagestiefsttemperaturen verringern die Erträge während höhere Tageshöchsttemperaturen (bis zu einem Grenzwert von etwa 35 °C) die Erträge erhöhen können, das heißt, die Entwicklung der Reiserträge hängt davon ab, ob sich die Tagestemperaturen stärker erhöhen oder die Nachttemperaturen. Theoretisch können sich diese Effekte auch gegenseitig neutralisieren. Darüber hinaus sind die Einflüsse der Sonnenstrahlung je nach Wachstumsphase der Reispflanze unterschiedlich: Zu Anfang verringert stärkere Sonnenstrahlung die späteren Erträge, während sie diese in der Reifephase erhöht. Diese Aussagen beziehen sich auf bewässerten Anbau in tropisch-feuchtem Klima mit zwei Ernten pro Jahr, so wie er in den Hauptanbauländern China, Indien, Indonesien, Philippinen, Thailand und Vietnam typisch ist.

Reisterrassen in Ban Papongpieng im Norden Thailands.

Juni in Río Gallegos

Die Stadt Río Gallegos (51° 37' S, 69° 13' W) liegt im äußersten Süden von Argentinien an der Mündung des gleichnamigen Flusses. Die Entfernung von dort bis Buenos Aires beträgt über 2600 km. In Río Gallegos gibt es häufig Westwetterlagen mit hohen Windgeschwindigkeiten über 50 km/h (Windstärke 6 und mehr). Sonnige Tage kommen vor allem während der Wintermonate Juni und Juli nur selten vor. Die mittleren Höchstwerte erreichen in der kalten Jahreszeit 5 °C, die Tiefstwerte -2 °C. Der Wärmerekord für Juni liegt bei 17 °C, wogegen in antarktischer Kaltluft über Schnee auch schon bis zu -18 °C gemessen wurden. Typisch für Río Gallegos sind trotz der vielen Wolken die ganzjährig geringen Niederschläge mit mittleren Monatsmengen von 20 bis 30 mm. Allerdings sorgt der Nieselregen für viele Regenstunden. Die Sommer verlaufen oft gemäßigt mit Höchstwerten unter 20 °C; nur selten bringt heiße Luft aus Norden Temperaturen über 30 °C.

Wetterwissen

Weltweiter Hageltrend

Der Theorie nach lässt der Klimawandel stärkere Gewitter erwarten, weil die Atmosphäre pro ein Grad Erwärmung um sieben Prozent mehr Wasserdampf aufnehmen kann. Mehr Feuchtigkeit in der Luft bedeutet auch mehr Energie, die bei einem Gewitter frei werden kann, aber in der Praxis sind die Verhältnisse kompliziert. Die Bildung von schweren (Hagel-)Gewittern erfordert beispielsweise auch kräftige Höhenwinde und in den einzelnen Höhenniveaus unterschiedliche Windrichtungen („Windscherung"). Hier zeichnet sich aber bisher kein Trend ab. Auch weltweite Untersuchungen der Hagelhäufigkeit und Hagelgrößen in den letzten Jahrzehnten zeigen kein einheitliches Bild. In Südchina, Südamerika und Teilen Afrikas hat sich die Wahrscheinlichkeit für sehr großen Hagel (mit Hagelkörnern ab 5 cm Durchmesser) etwas verringert. Im nördlichen Mitteleuropa registriert die Versicherungswirtschaft zwar einen Anstieg der Hagelschäden bezüglich der Kosten, zumindest Großhagel ist jedoch nicht häufiger geworden. Eine Ausnahme sind Teile Südeuropas, wo ein deutlicher Anstieg in der Zahl der Hagelereignisse und der Hagelgrößen verzeichnet wurde. Besonders stark zeigt sich dieser Trend in der Po-Ebene. Hier hat sich die Zahl der Großhagelereignisse im Vergleich zu den 1950er Jahren verdreifacht. Ursache ist die Zunahme der Feuchte in den bodennahen Luftschichten infolge der höheren Wassertemperaturen im Mittelmeer. Dadurch erhöhte sich die Gewitterenergie.

Am 20. Juni 2022 kam es vor allem in Südbayern zu Hagelschäden. Auf einem 300 km langen Strich von Günzburg bis nach Bad Füssing gab es teils Totalschäden bei Mais, Getreide und Rüben. Auch die Hallertauer Hopfenpflanzungen waren besonders in den Gemeinden Au und Wolnzach betroffen.

Typische Wetterlagen im Juni

Südost, Süd, Südwest: Sommerlich warm bei 26 bis 32 °C (vereinzelt auch um 35 °C), zeitweise unangenehm schwül. Teils sonnig, teils wolkig, vor allem im Westen und im Bergland gewittrig. Bei Wetterumstellung auf kühleren Westwind Bildung von Gewitterfronten mit örtlichen Unwettern.

West, Tiefdrucklage über Mitteleuropa: Wechselhaftes Wetter. Durchzug von Fronten mit Regen (manchmal auch von Gewittern begleitet), dazwischen Wetterberuhigung mit sonnigen Phasen. Wechsel zwischen warmer Meeresluft mit Temperaturen von 19 bis 27 °C und kalter Meeresluft mit 15 bis 23 °C.

Nordwest, Nord: Wechselhaftes Wetter. Besonders nach Osten hin und am Nordalpenrand immer wieder Regen, Schnee manchmal bis unter 1800 m herab. Kühl bei Temperaturen von 11 bis 19 °C. Zumindest einmal kommt es fast in jedem Juni zu einem derartigen Kaltlufteinbruch, der dann meist als Schafskälte bezeichnet wird.

Nordost, Ost, Hochdrucklage über Mitteleuropa: Viel Sonne bei Quellwolken ab Spätvormittag. Bei mehrtägigem sonnigen Wetter von Tag zu Tag etwas wärmer: zunächst 18 bis 25 °C, später 25 bis 32 °C. Im Bergland am Spätnachmittag Wärmegewitter möglich.

Am 1. Juni 2020 brachte ein kräftiges Hoch viel Sonnenschein bei 22 bis 27 °C. Das Foto entstand in Triesenberg (Liechtenstein) mit Blick auf das Rheintal. In der trockenen Luft bildeten sich selbst über den Berggipfeln nur wenige winzige Quellwolken.

1 Sa Stuttgart (Min./Max. 1993-2022): im Mittel 9,8°C / 20,8°C — Sonne: 5:15 – 21:20
Extremwerte: 2,7°C (1997) / 31,5°C (2005) — Mond: A 2:46 – U 15:06

Klimatologischer Sommeranfang

Tag °C

Nacht °C

2 So Augsburg (Min./Max. 1993-2022): im Mittel 8,7°C / 20,3°C — Sonne: 5:14 – 21:21
Extremwerte: 0,5°C (2014) / 30,3°C (2017) — Mond: A 3:00 – U 16:30

Tag °C

Nacht °C

Hitzige Glücksenten

Die hohen Temperaturen im Juni 2023 machten einer Kunstinstallation im Hafen von Hongkong zu schaffen. Aus einer von zwei riesigen gelben Enten musste die Luft abgelassen werden, denn infolge der Hitze war ihre Haut im Inneren überdehnt.

Wetterkuriositäten (I)

Vom 1. bis 20. Juni 2023 war die Sonnenscheinmessung an der Wetterstation Düsseldorf fehlerhaft. Ein Raubvogel setzte sich immer wieder auf den Mast und sorgte für Schatten. Die zunächst wie an allen Wetterstationen automatisch erfassten Daten wurden nachträglich korrigiert.

Wetterkuriositäten (II)

Im Juni fällt in Japan vor allem im Süden und in der Mitte ergiebiger Monsunregen. In der Präfektur Ishikawa auf der Insel Honshū hatte der Juniregen im Jahr 2009 ungewöhnliche Zusätze: An mehreren Orten regnete es (tote) Kaulquappen. Derartige Phänomene gibt es weltweit in seltenen Fällen. Sie werden mit der Sogwirkung von starken Winden, Gewittern oder Wasserhosen in Verbindung gebracht. Die Wetterverhältnisse rund um die Fundorte wie Nanao oder Hakusan hatten jedoch keine dieser Besonderheiten. Da die Kaulquappen lokal begrenzt und nur im Regen auftraten, lassen sich auch Vögel wie beispielsweise Krähen als Verursacher ausschließen. So bleibt dieser Fall von Tierregen bis heute rätselhaft.

3 Mo
Hamburg (Min./Max. 1993-2022): im Mittel 10,6°C / 21,3°C
Extremwerte: 2,2°C (2009) / 33,3°C (1996)
Sonne: 5:14 – 21:22
Mond: A 3:15 – U 17:56
Tag °C
Nacht °C

4 Di
Berlin (Min./Max. 1993-2022): im Mittel 12,6°C / 23,5°C
Extremwerte: 5,0°C (2009) / 34,1°C (2014)
Sonne: 5:13 – 21:23
Mond: A 3:34 – U 19:24
Tag °C
Nacht °C

5 Mi
Düsseldorf (Min./Max. 1993-2022): im Mittel 11,5°C / 22,5°C
Extremwerte: 4,5°C (1995) / 33,1°C (2015)
Sonne: 5:13 – 21:24
Mond: A 3:57 – U 20:50
Tag °C
Nacht °C

6 Do
Erfurt (Min./Max. 1993-2022): im Mittel 10,7°C / 21,3°C
Extremwerte: 2,7°C (2006) / 32,0°C (2014)
Sonne: 5:12 – 21:25
Mond: A 4:30 – U 22:08
Tag °C
Nacht °C

7 Fr
Frankfurt/M. (Min./Max. 1993-2022): im Mittel 12,5°C / 23,9°C
Extremwerte: 4,8°C (2006) / 35,2°C (2014)
Sonne: 5:12 – 21:26
Mond: A 5:14 – U 23:13
Tag °C
Nacht °C

8 Sa
Stuttgart (Min./Max. 1993-2022): im Mittel 11,5°C / 22,2°C
Extremwerte: 3,3°C (2006) / 34,6°C (2014)
Sonne: 5:11 – 21:26
Mond: A 6:13 – U - -
Tag °C
Nacht °C

9 So
Augsburg (Min./Max. 1993-2022): im Mittel 10,3°C / 21,8°C
Extremwerte: 1,3°C (2006) / 33,6°C (2014)
Sonne: 5:11 – 21:27
Mond: U 0:01 – A 7:23
Tag °C
Nacht °C

10 Mo Hamburg (Min./Max. 1993-2022): im Mittel 10,4°C / 20,4°C
Extremwerte: 2,9°C (2001) / 31,5°C (2006)
Sonne: 5:11 – 21:28
Mond: U 0:35 – A 8:38

Tag °C

Nacht °C

11 Di Berlin (Min./Max. 1993-2022): im Mittel 12,8°C / 23,0°C
Extremwerte: 5,6°C (2001) / 33,2°C (2019)
Sonne: 5:10 – 21:28
Mond: U 0:59 – A 9:54

Tag °C

Nacht °C

12 Mi Düsseldorf (Min./Max. 1993-2022): im Mittel 11,4°C / 21,9°C
Extremwerte: 3,8°C (1998) / 32,7°C (2006)
Sonne: 5:10 – 21:29
Mond: U 1:17 – A 11:06

Tag °C

Nacht °C

13 Do Erfurt (Min./Max. 1993-2022): im Mittel 10,7°C / 20,8°C
Extremwerte: 2,8°C (2005) / 29,0°C (2019)
Sonne: 5:10 – 21:30
Mond: U 1:31 – A 12:16

Tag °C

Nacht °C

14 Fr Frankfurt/M. (Min./Max. 1993-2022): im Mittel 12,6°C / 23,5°C
Extremwerte: 4,5°C (1995) / 33,6°C (2003)
Sonne: 5:10 – 21:30
Mond: U 1:43 – A 13:25

Tag °C

Nacht °C

15 Sa Stuttgart (Min./Max. 1993-2022): im Mittel 11,9°C / 22,2°C
Extremwerte: 3,4°C (2005) / 34,7°C (2003)
Sonne: 5:10 – 21:31
Mond: U 1:54 – A 14:32

Tag °C

Nacht °C

16 So Augsburg (Min./Max. 1993-2022): im Mittel 10,5°C / 22,1°C
Extremwerte: 2,1°C (1998) / 33,3°C (2003)
Sonne: 5:10 – 21:31
Mond: U 2:05 – A 15:41

Tag °C

Nacht °C

Wetter und Garten

Großblütige Königskerzen erreichen Höhen bis über 150 cm und sind zweijährige Pflanzen mit Pfahlwurzeln, die bis zu 80 cm in die Tiefe wachsen. Neben der großblütigen Königskerze gibt es noch weitere Arten, die vorwiegend im Mittelmeerraum zu finden sind. Die Samen können zwischen Ende Mai und Mitte Juli ausgesät werden. Sie sind Lichtkeimer und sollten somit nur leicht im Boden angedrückt werden. Auch die Temperatur ist wichtig, da die Keimung mindestens 22 °C erfordert. Ausgewachsene Königskerzen decken ihren Wasserbedarf aus tiefen Bodenschichten und müssen nur bei langer Hitze und Trockenheit gegossen werden. Auch der Nahrstoffbedarf ist gering und steigt erst zur Blütephase im zweiten Jahr an.

Optimal gedeihen Königskerzen nur in der Sonne und wenn der Boden trocken ist.

Abb. 6.3: Das Azorenhoch blieb 2023 lange Zeit schwächer als normal, verbunden mit einer Abschwächung der Passatwinde vor der Küste Westafrikas (im Bild die Insel La Graciosa nahe Lanzarote).

stärker. Darüber hinaus waren auch die Winde entlang der westafrikanischen Küste ungewöhnlich schwach, die sonst dafür sorgen, dass kühleres Wasser aus tieferen Schichten aufsteigt (Abb. 6.3). Noch ein weiterer Faktor dürfte die Hitze im Nordatlantik verstärkt haben: wenig Aerosole in der Luft. Kleinste Partikel in der Atmosphäre tragen dazu bei, dass weniger Sonnenlicht die Oberfläche erreicht und kühlen diese somit. Monatelang gab es davon vergleichsweise wenig in der Luft über dem Atlantik, da selten Saharastaub über den Ozean transportiert wurde, wiederum eine Folge der geringeren Windgeschwindigkeiten. Insgesamt spielten hier also natürliche Variabilität, Klimaerwärmung sowie außergewöhnliche Windverhältnisse und wenig Aerosole zusammen.

Probleme der Klimamodelle

Unklar ist, ob die stabilen Hochdrucklagen zugrundeliegenden Zirkulationsmuster mit der Klimaerwärmung öfter und länger vorkommen, das heißt, ob die Bedingungen für Hitzewellen häufiger werden. Es gibt zu dieser Frage in den Klimawissenschaften wenig Konsens, genauso wie bei der Frage, ob El Niño-Ereignisse in Zukunft häufiger oder seltener vorkommen werden. Ähnlich unklar ist das Ausmaß einer möglichen Abschwächung der Nordatlantischen Tiefenwasserpumpe und das zukünftige Verhalten des Jetstreams. All diesen Fragen ist gemein, dass die Zirkulation in der Atmosphäre und im Ozean wesentlich modifiziert wird durch kleinräumige Wetterprozesse wie Konvektion, Wolkenbildung oder Gewitter. Mit Gitterabständen von derzeit rund hundert Kilometern sind die globalen Klimamodelle noch zu wenig leistungsfähig, um derartige Vorgänge in der Atmosphäre oder im Ozean korrekt darzustellen. Man behilft sich mit stark vereinfachenden Methoden, was zu Unsicherheiten bei den Aussagen führt, wie sich der Klimawandel im Detail auswirken wird.

Schloss Langenburg in Baden-Württemberg ist seit dem Jahr 1235 Residenz der Fürsten zu Hohenlohe-Langenburg und liegt auf einem Höhenrücken über dem engen und tief eingeschnittenen Jagsttal. Der Höhenunterschied bis zur Talsohle beträgt dort über 120 Meter. Das Foto entstand am Morgen des 12. Juli 2021. Vor dem Tief, das zwei Tage später die Ahrtalflut bringen sollte, herrschte kurzer Zwischenhocheinfluss. In der klaren Nacht sanken die Temperaturen auf 12 bis 8 °C. Da nach den kräftigen Schauern der Vortage noch viel Feuchtigkeit vorhanden war, konnte sich selbst in der kurzen Sommernacht Nebel bilden. In den Frühstunden war das komplette Tal mit Nebel gefüllt, ein Anblick, der sonst vor allem für ruhige Wetterlagen während der Herbst- und Wintermonate typisch ist.

Wetter und Natur

Der Flug der Nachtfalter

Bisher ging man davon aus, dass sich Insekten auf ihren Langstreckenwanderungen hauptsächlich vom Wind treiben lassen. Detaillierte Untersuchungen gibt es jedoch nur wenige, denn normalerweise sind Insekten zu zahlreich, um sie zu markieren und wiederzufinden, und zu klein, um Ortungsgeräte zu tragen. Eine Ausnahme bilden die etwa acht Zentimeter langen und mit einer Flügelspannweite von zwölf Zentimetern extrem großen Totenkopfschwärmer. Die im tropischen Afrika beheimateten Schmetterlinge legen auf dem Weg zu ihren Sommerquartieren bis zu 4000 Kilometer zurück und kommen in Mitteleuropa von Mai bis Oktober als seltene Nachtfalter vor. Einige von ihnen wurden mit einem 0,2 Gramm leichten Mini-Funksender versehen und mit einem Ultraleichtflugzeug auf ihrem Weg von Konstanz bis in die Alpen begleitet. Die dabei aufgezeichneten Daten zeigen, dass sie nicht abwarteten, bis der Wind günstig stand. Stattdessen setzten sie eine Reihe von Flugstrategien ein, um sich den herrschenden Windverhältnissen anzupassen und damit

Totenkopfschwärmer haben eine charakteristische, namensgebende Kopfzeichnung. Sie sind dämmerungs- und nachtaktiv.

ihren Kurs die ganze Nacht hindurch zu halten. Wenn der Wind günstig war, flogen sie demnach hoch, so dass sie sich davon unterstützen ließen. Bei starkem Gegen- oder Seitenwind flogen sie dagegen niedrig und erhöhten ihre Geschwindigkeit, um auf Kurs zu bleiben. Sie waren damit weit weniger anfällig für nachteilige Windbedingungen als ursprünglich erwartet.

Juli in Jinja

Jinja (0° 25' N, 33° 12' O) ist die viertgrößte Stadt Ugandas und liegt an der Nordküste des Viktoriasees in einer Höhe von rund 1200 m. Der Name Jinja („Felsen") bezieht sich auf die gefährlichen Hindernisse bei der Überquerung des Weißen Nils, der dort als Ausfluss aus dem Viktoriasee beginnt. Jinja ist außerdem für das dort seit dem Jahr 1956 gebraute Bier der Marke „Nile Special" bekannt. Wegen der Lage nahe des Äquators schwankt die Tageslänge in Jinja zwischen Juni und Dezember nur um drei Minuten. Auch die Temperaturen ändern sich im Jahreslauf kaum und liegen tagsüber meist zwischen 25 und 30 °C sowie in den Nächten um 17 °C. Größer sind die Unterschiede bei den Regenmengen. Januar/Februar und Juni/Juli sind die trockensten Monate des Jahres mit mittleren Regenmengen von etwa 40 bis 70 mm. Daneben gibt es im April/Mai sowie Oktober/November öfter Schauer mit Monatssummen von über 150 mm.

Wetterwissen

Böenfronten und Shelfclouds

Wichtig für die Ausbildung einer Böenfront ist die innerhalb eines größeren Gewittersystems entstehende Kaltluft infolge von Regen und Hagel. Bei einem von West nach Ost ziehenden Gewitter macht sich die eintreffende Gewitterkaltluft durch sehr plötzlich einsetzenden westlichen Wind bemerkbar. Beim Durchgang dieser sogenannten Böenfront wird es häufig sehr windig mit Sturmböen oder im Extremfall auch Orkanböen so wie am Abend des 11. Juli 2023 in Süddeutschland. Am Vorderrand der Kaltluft wird die vor dem Gewitter liegende warme Luftmasse angehoben. Im Übergangsbereich zwischen der ausströmenden Gewitterkaltluft und der gehobenen Warmluft bildet sich dicht über dem Erdboden eine lange, horizontal ausgerichtete Wolkenwand aus, das typische Erscheinungsbild einer Böenfront. Das Kondensationsniveau und damit die Wolkenbasis liegt an der Böenfront besonders tief, weil Feuchtigkeit aus der Gewitterkaltluft mit in den Aufwind einbezogen wird. Oftmals wird bereits diese Böenfrontwolke als Shelfcloud bezeichnet. Besonders eindrucksvoll wird sie, wenn sich darüber weitere Wolkenstockwerke befinden. Bei dieser klassischen Form einer Shelfcloud (wie im Bild unten) wechseln Bereiche mit Wolken und wolkenfreie Zwischenschichten einander ab. Damit das passieren kann, muss der Feuchtegehalt in der gehobenen Warmluftmasse mit der Höhe stark variieren. Trockenere und feuchtere Schichten müssen also übereinander liegen.

Diese außergewöhnliche Shelfcloud überquerte am 2. August 2022 das John C. Stennis Space Center im US-Bundesstaat Mississippi. Dort werden von der NASA Raketenmotoren getestet.

Typische Wetterlagen im Juli

Südost, Süd, Südwest: Sommerlich warm bei 27 bis 34 °C (gelegentlich große Hitze bis über 35 °C), dazu zeitweise schwül. Teils sonnig, teils wolkig, vor allem im Westen und im Bergland gewittrig. Bei Wetterumstellung auf kühleren Westwind Bildung von Gewitterfronten mit örtlichen Unwettern.

West, Tiefdrucklage über Mitteleuropa: Wechselhaftes Wetter. Durchzug von Fronten mit Regen (manchmal auch Gewittern), dazwischen sonnige Phasen. Wechsel zwischen warmer Meeresluft mit Temperaturen von 21 bis 28 °C und kalter Meeresluft mit 17 bis 24 °C. Ist diese Wetterlage sehr beständig, bringt sie zusammen mit häufigen Nordwestlagen einen verregneten Sommer.

Nordwest, Nord: Wechselhaftes und kühles Wetter bei Temperaturen von 13 bis 20 °C. Vor allem nach Osten hin und am Nordalpenrand immer wieder Regen. Im Hochgebirge ist bei dieser Wetterlage Schneefall möglich. An der Grenze zu warmer Mittelmeerluft können Starkregengebiete entstehen. Im Bereich von Donau, Elbe und Oder besteht dann Hochwassergefahr.

Nordost, Ost, Hochdrucklage über Mitteleuropa: Viel Sonne bei Quellwolken ab Spätvormittag. Bei mehrtägigem sonnigen Wetter von Tag zu Tag etwas wärmer: zunächst 21 bis 27 °C, später 26 bis 32 °C. An den Nachmittagen besonders im Bergland einzelne lokal begrenzte Wärmegewitter.

Das Foto zeigt den Stausee Losheim nordöstlich der saarländischen Stadt Merzig. Am 27. Juli 2017 gab es dort nach dem Sonnenaufgang wechselhaftes Westwetter bei Temperaturen wenig über 20 °C.

1 Mo
Hamburg (Min./Max. 1993-2022): im Mittel 12,7°C / 22,5°C
Extremwerte: 7,6°C (1996) / 36,4°C (2015)
Sonne: 5:15 - 21:32
Mond: A 1:38 - U 17:06
Tag °C
Nacht °C

2 Di
Berlin (Min./Max. 1993-2022): im Mittel 14,4°C / 24,6°C
Extremwerte: 8,6°C (2018) / 37,8°C (2015)
Sonne: 5:15 - 21:31
Mond: A 1:59 - U 18:31
Tag °C
Nacht °C

3 Mi
Düsseldorf (Min./Max. 1993-2022): im Mittel 13,3°C / 24,1°C
Extremwerte: 6,0°C (2014) / 37,2°C (2015)
Sonne: 5:16 - 21:31
Mond: A 2:28 - U 19:51
Tag °C
Nacht °C

4 Do
Erfurt (Min./Max. 1993-2022): im Mittel 12,3°C / 23,0°C
Extremwerte: 6,8°C (2019) / 36,2°C (2015)
Sonne: 5:17 - 21:31
Mond: A 3:06 - U 21:01
Tag °C
Nacht °C

5 Fr
Frankfurt/M. (Min./Max. 1993-2022): im Mittel 14,5°C / 25,7°C
Extremwerte: 7,6°C (2020) / 38,8°C (2015)
Sonne: 5:18 - 21:30
Mond: A 3:59 - U 21:54
Erde in Sonnenferne (morgens)
Tag °C
Nacht °C

6 Sa
Stuttgart (Min./Max. 1993-2022): im Mittel 13,6°C / 24,3°C
Extremwerte: 7,0°C (1993) / 36,6°C (2015)
Sonne: 5:19 - 21:30
Mond: A 5:05 - U 22:33
Tag °C
Nacht °C

7 So
Augsburg (Min./Max. 1993-2022): im Mittel 11,9°C / 23,9°C
Extremwerte: 5,1°C (2011) / 34,7°C (1994)
Sonne: 5:19 - 21:29
Mond: A 6:19 - U 23:01
Tag °C
Nacht °C

„Wenn der Juli fängt zu tröpfeln an, so wird man lange Regen hab'n."

Diese Regel ist analog zur sogenannten Siebenschläferregel zu verstehen. Wenn Ende Juni oder Anfang Juli eine ausgeprägte Westwetterlage vorhanden ist, dauert diese oft noch einige Zeit an. Relativ kühle Regentage und kurze sonnige Phasen mit wärmerer Luft wechseln sich dann ab. Eine solche Wetterlage ist in den Sommern der letzten Jahrzehnte seltener geworden. Im Sommer 2023 begann sie erst Ende Juli und brachte eine etwa dreiwöchige Sommerpause.

Hitze in Norwegen

Am 5. Juli 2021 strömte ungewöhnlich heiße Luft aus Russland über Finnland bis in den hohen Norden von Norwegen. Im knapp nördlich des 70. Breitengrades gelegenen Banak stieg die Temperatur bis auf 34,3 °C. Dies ist die bisher höchste Temperatur, die es so weit nördlich in Europa gab. Außerdem wurde ein neuer Höchstwert für die Provinz Troms og Finnmark erreicht, die den nördlichsten Teil von Norwegen (inklusive Tromsø und Nordkap) umfasst.

Zungenbrecher-Hitze

Am 23. Juli 2022 wurde in Ungarn der nationale Hitzerekord von 41,9 °C (erreicht am 20. Juli 2007 in Kiskunhalas) nur knapp verfehlt. In den beiden südungarischen Städten Kiskunfelegyhaza und Hodmezövasarhely gab es Höchstwerte von 41,5 °C.

Wetter und Garten

Die Sommerhimbeere ist zweijährig, das heißt, sie treibt in diesem Jahr und trägt im nächsten Jahr (Erntezeit Juni/Juli). Die Herbsthimbeere ist dagegen einjährig. Sie trägt und fruchtet im gleichen Jahr (Erntezeit ab August bis zu den ersten Frösten). Die Sorten unterscheiden sich auch im Schädlingsbefall. Bei Sommerhimbeeren sind es vor allem die Himbeerkäfer. Sie schwärmen im Mai aus und suchen Nahrung auf Obstpflanzen wie der Sommerhimbeere. Jedes Weibchen legt etwa 30 bis 40 Eier in den Blüten ab. Die geschlüpften Larven ernähren sich von den reifenden Früchten. Während der Blüte der Herbsthimbeere ist der Himbeerkäfer nicht mehr aktiv, dafür können Kirschessigfliegen und Wanzen die Ernte ungenießbar machen.

22 Mo
Hamburg (Min./Max. 1993-2022): im Mittel 14,0°C / 24,5°C
Extremwerte: 6,6°C (1999) / 35,3°C (2019)
Sonne: 5:36 – 21:15
Mond: U 6:17 – A 22:24
Tag °C
Nacht °C

23 Di
Berlin (Min./Max. 1993-2022): im Mittel 15,8°C / 26,2°C
Extremwerte: 10,5°C (1996) / 35,7°C (2022)
Sonne: 5:37 – 21:14
Mond: U 7:46 – A 22:43
Tag °C
Nacht °C

24 Mi
Düsseldorf (Min./Max. 1993-2022): im Mittel 14,7°C / 25,4°C
Extremwerte: 7,1°C (2012) / 40,7°C (2019)
Sonne: 5:38 – 21:13
Mond: U 9:14 – A 22:59
Tag °C
Nacht °C

25 Do
Erfurt (Min./Max. 1993-2022): im Mittel 13,5°C / 24,7°C
Extremwerte: 6,6°C (2012) / 36,1°C (2019)
Sonne: 5:40 – 21:11
Mond: U 10:40 – A 23:14
Tag °C
Nacht °C

26 Fr
Frankfurt/M. (Min./Max. 1993-2022): im Mittel 15,6°C / 27,1°C
Extremwerte: 6,8°C (2012) / 40,1°C (2019)
Sonne: 5:41 – 21:10
Mond: U 12:05 – A 23:28
Tag °C
Nacht °C

27 Sa
Stuttgart (Min./Max. 1993-2022): im Mittel 14,3°C / 25,7°C
Extremwerte: 7,9°C (2012) / 36,5°C (2019)
Sonne: 5:42 – 21:09
Mond: U 13:29 – A 23:44
Tag °C
Nacht °C

28 So
Augsburg (Min./Max. 1993-2022): im Mittel 12,7°C / 25,1°C
Extremwerte: 5,3°C (2004) / 35,4°C (2013)
Sonne: 5:44 – 21:07
Mond: U 14:54 – A - -
Tag °C
Nacht °C

29 Mo Hamburg (Min./Max. 1993-2022): im Mittel 13,8°C / 24,4°C
Extremwerte: 6,2°C (2015) / 36,1°C (2022)
Sonne: 5:45 – 21:06
Mond: A 0:04 – U 16:19

Tag °C

Nacht °C

30 Di Berlin (Min./Max. 1993-2022): im Mittel 15,8°C / 26,4°C
Extremwerte: 7,8°C (2015) / 37,3°C (2022)
Sonne: 5:47 – 21:04
Mond: A 0:29 – U 17:40

Tag °C

Nacht °C

31 Mi Düsseldorf (Min./Max. 1993-2022): im Mittel 14,3°C / 25,4°C
Extremwerte: 5,9°C (2015) / 36,8°C (2013)
Sonne: 5:48 – 21:03
Mond: A 1:04 – U 18:52

Tag °C

Nacht °C

Gefährlicher Viechtauer

Der Viechtauer ist ein Gewitterwind am Traunsee in Oberösterreich. Ein untrügliches Vorzeichen ist eine Situation wie im Bild unten mit einem aus Westen über dem Ort Viechtau aufziehenden Gewitter. Kurz darauf stürzt der Wind auf den See und erreicht häufig Sturmstärke. Die größte Gefahr besteht für Boote, die sich nahe dem Ostufer befinden. Meist weht der Wind nicht länger als eine halbe Stunde.

Monatsthema

Wetterfühlige Vulkane

Vulkane können aufgrund ihrer Gas- und Aerosol-Emissionen, insbesondere nach großen explosiven Eruptionen, maßgeblich das Klima beeinflussen. Weniger bekannt ist, dass Vulkane gewissermaßen „wetterfühlige" Gebilde sind und die Vulkanaktivität auch vom Wetter und dem Zustand der Atmosphäre gesteuert ist.

Lahare und Steinschläge

Scheinbar feste Strukturen auf der Erdkruste können durch atmosphärische Prozesse verändert werden. Ein Beispiel sind Schlammströme: Regenwasser vermischt sich mit Erde, und Schlamm fließt einen Hügel abwärts. Zu solchen Schlammströmen kann es auch im Bereich von Vulkanen kommen, die in Anlehnung an den indonesischen Begriff für vulkanische Schlammströme Lahare genannt werden. Die Mehrzahl der Lahare entsteht infolge von Starkregenereignissen während oder nach einem Vulkanausbruch. Dabei handelt es sich um Schlammströme aus vulkanischer Asche und Lockermaterial, die die Berge herunterstürzen (Abb. 7.1). Lahare haben die Konsistenz von nassem Beton und können metergroße Gesteinsblöcke und Baumstämme mit sich führen. Sie sind wegen ihrer großen Masse und hohen Geschwindigkeit mit bis zu 100 Stundenkilometern besonders gefährlich. Zudem können sie ihre zerstörerische Kraft noch viele Kilometer vom Vulkan entfernt entfalten, da sie

Abb. 7.1: Lahar am Mount St. Helens im US-Bundesstaat Washington.

Abb. 7.2: Der Lavadom am indonesischen Merapi kann über Monate oder Jahre wachsen, bis es zu einem großen Ausbruch kommt (im Bild die Eruption vom 11. März 2023).

über weite Strecken fließen können. Lahare sind nicht die einzige Gefahr. Regenwasser kann Steinschläge auslösen, indem es in die Risse zwischen den Felsen gelangt und diese schwächt. Außerdem kann Gesteinsmaterial vom Gipfel und den Flanken eines Vulkans abgetragen werden und diese schwächen.

Einstürzende Lavadome

Wenn sehr zähflüssige Lava langsam aus einem Vulkanschlot austritt, kann es zur Bildung eines Lavadoms kommen (Abb. 7.2). Dabei handelt es sich um eine Art Pfropfen, der entsteht, wenn die austretende Lava sehr schnell abkühlt, fest wird und den Vulkanschlot verschließt. Lavadome wachsen bevorzugt in Zeiten ohne Niederschlag. Wenn es jedoch regnet, sickert Wasser in die Risse zwischen den Felsen des Lavadoms. Seine Oberfläche ist oft einige hundert Grad heiß, so dass der auftreffende Regen sofort verdampft. Daher sind intensive Regenfälle erforderlich, um weiter in die Risse im Felsen einzudringen. Einmal tief im Inneren angekommen, verdampft das Regenwasser, sobald es Temperaturen von über 300 °C ausgesetzt ist. Der überhitzte Dampf nimmt enorm an Volumen zu und kann sich in den engen Spalten nicht frei ausdehnen. Durch den plötzlichen internen Druckanstieg wird der Lavadom destabilisiert. Manchmal führt

Abb. 7.3: Der Soufrière Hills-Vulkan vor und nach der Eruption vom 12. Juli 2003. Seine Gipfelhöhe verringerte sich von 1100 auf 850 m.

dies zu einem Zusammenbruch des Doms oder direkt zu einer Dampfexplosion. Meist sind es tropische Wirbelstürme, die eine so hohe Niederschlagsrate aufweisen, dass Wasser in den Lavadom eines Vulkans eindringt. Einstürzende Lavadome erzeugen pyroklastische Ströme, eine hochdichte Mischung aus glühendem Vulkangestein und Gas, die mit hoher Geschwindigkeit die Hänge eines Vulkans hinunterschießt und fast alles zerstört, was sich auf ihrem Weg befindet. Diese bis zu 1000 °C heißen Glutwolken können sich zudem mit den Wasserkörpern vermischen, die sie überqueren, wie beispielsweise mit dem Wasser der vulkanabwärts fließenden Flüsse, und so zu Laharen werden.

Es wird angenommen, dass beispielsweise die Zusammenbrüche des Lavadoms des Soufrière-Hills-Vulkans auf der karibischen Insel Montserrat in den Jahren 2001 und 2003 durch Regen ausgelöst wurden. Beim Domkollaps 2003 wurden innerhalb von 18 Stunden über 210 Millionen Kubikmeter Material abgetragen, was eine stark explosive Aktivität zur Folge hatte (Abb. 7.3). Die stärkste Explosion produzierte eine über 15 Kilometer hohe vertikale Eruptionswolke, die unzählige pyroklastische Ströme generierte (Abb. 7.4). Ähnliche Beobachtungen zum Einfluss des Regens wurden auch an anderen Domvulkanen gemacht wie dem Mount Unzen in Japan, dem Mount Merapi in Indonesien, sowie dem Vulkan Piton de la Fournaise auf der Insel Réunion.

Grundsätzlich ist die Bildung und explosive Freisetzung von unter hohem Druck stehenden Dämpfen nicht an solche Domstrukturen gebunden. Ähnliche, durch Regen ausgelöste Dampfexplosionen wurden bereits an anderen Vulkanen beobachtet wie dem Cerro Azul auf Galapagos, dem Láscar in Nord-Chile oder auch auf White Island in Neuseeland.

Vulkanausbrüche und Starkregen

Überhaupt finden viele Vulkanausbrüche erst nach extremen Starkregenereignissen statt. So kann es durch ein Unwetter zu Erdrutschen und Flankenrutschungen am Vulkan kommen. Dadurch verändert sich der Druck auf emporsteigendes Magma und der

Abb. 7.4: Am Soufrière Hills-Vulkan auf der Insel Montserrat kommt es immer wieder zu spektakulären Eruptionen wie hier am 20. Mai 2006.

Wetter und Natur

Tückischer Sandbüchsenbaum

Außergewöhnlich wehrhaft präsentiert sich der in den tropischen Regenwäldern Süd- und Mittelamerikas beheimatete Sandbüchsenbaum (Hura crepitans). So ist der Stamm des bis zu 40 Meter hohen Baumes mit etwa 1 cm langen Stacheln übersät, die nicht nur vor Fressfeinden, sondern auch vor zu hoher Sonneneinstrahlung schützen. Zudem enthalten Rinde, Samen und Früchte einen extrem giftigen Milchsaft, der sowohl ätzend wirkt, als auch bei den meisten Lebewesen zu schweren Verdauungsproblemen führt. Es gibt allerdings Ausnahmen: Aras beispielsweise fressen die Samen unbeschadet, ebenso manche Affen. Ungewöhnlich ist auch die Verbreitung der Samen. Nachdem die Blüten von Fledermäusen bestäubt wurden, reifen die Früchte bis zum Beginn der Regenzeit heran. Sobald sie mit Wasser in Berührung kommen, explodieren sie mit einem lauten Knall und fliegen bei einer Geschwindigkeit von ca. 250 km/h etwa 40 Meter weit. Wenn man in ihre Schusslinie gerät, besteht daher durchaus Verletzungsgefahr. Der Name „Sandbüchsenbaum" stammt übrigens aus der Zeit, als es noch kein Löschpapier gab und Tinte mit Sand getrocknet wurde. Die kürbisförmigen Früchte dienten dabei als Aufbewahrungsort.

Der Sandbüchsenbaum wird in seinen Verbreitungsgebieten auch „Teufelsbaum" oder „Pistole der Affen" genannt.

August in Saragossa

Saragossa (41° 39' N, 0° 54' W) liegt am Fluss Ebro und ist die fünftgrößte Stadt Spaniens. Im August erreicht die mittlere Höchsttemperatur dort 32 °C und auch extreme Hitze bis über 40 °C kommt vor. Juli und August sind die trockensten Monate des Jahres mit mittleren Niederschlagsmengen von 17 mm, allerdings mit großen Schwankungen von Jahr zu Jahr. Die langen trockenen Sommerperioden können nämlich durch heftige Gewitter unterbrochen werden. So kam es am 6. Juli 2023 zu einer Sturzflut, als während einer halben Stunde mehr als 50 mm Regen fielen. Häufiger werden die Unwetter ab Ende August, wenn die Tiefdruckaktivität in Südeuropa zunimmt. Für Saragossa typisch ist der Cierzo, ein trockener Nordwestwind, der entlang des Ebrotals weht. Er bringt in den Sommermonaten gemäßigte Hitze und angenehm kühle Nächte. Im Winterhalbjahr ist er dagegen kalt, wobei Schneefall eine seltene Ausnahme bleibt.

Wetterwissen

Hurriquake in Kalifornien

Der Hurrikan „Hilary" richtete am 18. August 2023 im mexikanischen Bundesstaat Baja California große Schäden an. Auf seinem Weg nach Norden sollte er sich ausgehend von der zweithöchsten Kategorie 4 zwar deutlich abschwächen, wurde aber dennoch auch für den Süden des US-Bundesstaats Kalifornien als gefährlich eingestuft. Dabei ging es nicht nur um die erwarteten Windgeschwindigkeiten von über 100 km/h, sondern auch um die großen Regenmengen, die auf den trockenen Böden schnell oberflächlich abfließen und zu Sturzfluten führen können. Während der Vorbereitungen auf „Hilary", dem ersten tropischen Wirbelsturm in Kalifornien seit 1939, ereigneten sich am 20. August 2023 etwa 100 Kilometer nordwestlich des Stadtzentrums von Los Angeles ein Erdbeben der Stärke 5,1 und einige schwächere Nachbeben. Man sprach daher schnell vom „Hurriquake", da noch am selben Tag Regen und Sturm folgten. Die Regenmengen erreichten bis über 100 mm, auch an Orten, an denen es im August normalerweise nie regnet. Selbst in den Wüstenregionen wurden zahlreiche Regenrekorde gebrochen. Der Nationalpark Death Valley, bekannt für Dürre und sommerliche Hitze bis über 50 °C, musste wegen der Wassermassen vorübergehend geschlossen werden. Zum Teil gab es mehrere Stunden weder Wasser noch Strom, mehr als 500 Bäume waren allein in Los Angeles umgestürzt, die Feuerwehr sprach von über 20 Erdrutschen rund um Los Angeles. Insgesamt fielen die Folgen von „Hilary" aber glimpflicher aus als ursprünglich befürchtet.

Am 20. August 2023 gab es in Kalifornien zahlreiche Überflutungen so wie hier im nördlich von Los Angeles gelegenen Palmdale.

Typische Wetterlagen im August

Südost, Süd, Südwest: Sommerlich warm bei 27 bis 33 °C (vereinzelt auch über 35 °C), dazu zeitweise unangenehm schwül. Teils sonnig, teils wolkig, vor allem im Westen und im Bergland gewittrig. Bei Wetterumstellung auf kühleren Westwind Bildung von Gewitterfronten. In kurzer Zeit können dann große Regenmengen von über 50 Liter pro Quadratmeter zusammenkommen.

West, Tiefdrucklage über Mitteleuropa: Wechselhaftes Wetter. Immer wieder Durchzug von Fronten mit Regen (manchmal auch Gewittern), dazwischen Wetterberuhigung mit sonnigen Phasen. Wechsel zwischen warmer Meeresluft mit Temperaturen von 21 bis 28 °C und kalter Meeresluft mit 17 bis 24 °C.

Nordwest, Nord: Wechselhaftes und kühles Wetter bei Temperaturen von 16 bis 22 °C. Besonders nach Osten hin und am Nordalpenrand immer wieder Regen. Gegen Monatsende bringt diese Wetterlage den ersten frühherbstlichen Kälteeinbruch mit nach den warmen Sommerwochen ungewohnten Temperaturen zwischen 9 und 15 °C sowie ergiebigen Regenfällen.

Nordost, Ost, Hochdrucklage über Mitteleuropa: Viel Sonne bei Quellwolken ab Spätvormittag. Bei mehrtägigem sonnigen Wetter von Tag zu Tag etwas wärmer: zunächst 21 bis 27 °C, später 26 bis 32 °C. Am Nachmittag lokale Wärmegewitter möglich, im letzten Monatsdrittel abnehmende Gewitterneigung.

Am 4. August 2023 hagelte es in Reutlingen so stark, dass sich die Innenstadt in eine Winterlandschaft verwandelte. Das Unwetter begann gegen 16 Uhr und dauerte etwa eine halbe Stunde.

1 Do Erfurt (Min./Max. 1993-2022): im Mittel 13,5°C / 25,0°C — Sonne: 5:49 – 21:01
Extremwerte: 6,4°C (2007) / 36,5°C (2018) — Mond: A 1:51 – U 19:50

Schweizer Bundesfeier

Tag °C

Nacht °C

2 Fr Frankfurt/M. (Min./Max. 1993-2022): im Mittel 15,0°C / 27,1°C — Sonne: 5:51 – 21:00
Extremwerte: 6,9°C (2015) / 38,4°C (2022) — Mond: A 2:52 – U 20:33

Tag °C

Nacht °C

3 Sa Stuttgart (Min./Max. 1993-2022): im Mittel 14,1°C / 25,7°C — Sonne: 5:52 – 20:58
Extremwerte: 7,7°C (2015) / 36,3°C (2003) — Mond: A 4:03 – U 21:04

Tag °C

Nacht °C

4 So Augsburg (Min./Max. 1993-2022): im Mittel 12,6°C / 25,4°C — Sonne: 5:54 – 20:57
Extremwerte: 4,3°C (2007) / 34,6°C (2013) — Mond: A 5:18 – U 21:26

Tag °C

Nacht °C

Wandernder Strand

Im Süden der kroatischen Insel Brač befindet sich die sichelförmige, einige hundert Meter lange Landzunge Zlatni Rat („Goldenes Horn"). Der aus kleinen Kieselsteinen bestehende Strand nahe dem Ort Bol gehört zu den beliebtesten in Kroatien. Wind und Meeresströmungen sorgen dafür, dass sich das Goldene Horn immer wieder wandelt. Mal ist es nach Westen gebogen, mal nach Osten, und auch die Länge des Strandes variiert um bis zu hundert Meter. Die größten Veränderungen gibt es während der Herbst- und Wintermonate, wenn Tiefdruckgebiete mit starkem Wind durchziehen.

5. August: „Oswaldtag muss trocken sein, sonst werden teuer Korn und Wein.“

Für den Weinbau muss Regen im August nichts Schlechtes bedeuten, vor allem nach einer vorangegangenen Trockenperiode. Kritisch für die Traubenreife wird es erst, wenn die Regenmengen mehrere Wochen lang hoch bleiben und wenn längere Zeit wolkenreiches Wetter mit unterdurchschnittlichen Temperaturen herrscht. Während der Getreideernte kann eine Serie von Regentagen dagegen schnell zum Problem werden. Besonders ungünstig waren die Verhältnisse im Sommer 2023 vor allem in der Mitte und im Norden von Deutschland. Nach einem nassen und kühlen Frühjahr folgte ab der zweiten Maihälfte eine längere Trockenzeit, die besonders auf sandigen Standorten zu Trockenstress bei den Pflanzen führte. Aufgrund einer Regenperiode ab Ende Juli musste die Getreideernte für mehrere Wochen unterbrochen werden. Danach geerntetes Getreide konnte oft nur noch als Viehfutter verwendet werden. Betroffen waren vor allem Weizen und Roggen, weniger dagegen die früher reifende Gerste.

5 Mo
Hamburg (Min./Max. 1993-2022): im Mittel 13,6°C / 23,9°C — Sonne: 5:55 – 20:55
Extremwerte: 7,2°C (2005) / 35,5°C (2018) — Mond: A 6:34 – U 21:42
Tag °C
Nacht °C

6 Di
Berlin (Min./Max. 1993-2022): im Mittel 15,4°C / 26,0°C — Sonne: 5:57 – 20:53
Extremwerte: 9,0°C (2016) / 38,0°C (2015) — Mond: A 7:46 – U 21:56
Tag °C
Nacht °C

7 Mi
Düsseldorf (Min./Max. 1993-2022): im Mittel 14,3°C / 25,1°C — Sonne: 5:58 – 20:51
Extremwerte: 6,4°C (2016) / 38,5°C (2003) — Mond: A 8:56 – U 22:07
Tag °C
Nacht °C

8 Do
Erfurt (Min./Max. 1993-2022): im Mittel 13,2°C / 24,3°C — Sonne: 5:59 – 20:50
Extremwerte: 4,3°C (2016) / 34,9°C (1998) — Mond: A 10:05 – U 22:18
Tag °C
Nacht °C

9 Fr
Frankfurt/M. (Min./Max. 1993-2022): im Mittel 15,1°C / 26,6°C — Sonne: 6:01 – 20:48
Extremwerte: 6,1°C (2016) / 38,7°C (2003) — Mond: A 11:12 – U 22:29
Tag °C
Nacht °C

10 Sa
Stuttgart (Min./Max. 1993-2022): im Mittel 14,0°C / 25,2°C — Sonne: 6:02 – 20:46
Extremwerte: 6,9°C (2016) / 37,0°C (2015) — Mond: A 12:21 – U 22:42
Tag °C
Nacht °C

11 So
Augsburg (Min./Max. 1993-2022): im Mittel 12,3°C / 24,6°C — Sonne: 6:04 – 20:44
Extremwerte: 5,3°C (2005) / 35,6°C (2015) — Mond: A 13:31 – U 22:56
Tag °C
Nacht °C

12 Mo	Hamburg (Min./Max. 1993-2022): im Mittel 13,4°C / 23,1°C Extremwerte: 6,5°C (2016) / 34,4°C (2003)	Sonne: 6:05 – 20:43 Mond: A 14:45 – U 23:15	Tag °C Nacht °C
13 Di	Berlin (Min./Max. 1993-2022): im Mittel 14,9°C / 25,1°C Extremwerte: 8,8°C (2016) / 35,2°C (2001)	Sonne: 6:07 – 20:41 Mond: A 16:00 – U 23:41	Tag °C Nacht °C
14 Mi	Düsseldorf (Min./Max. 1993-2022): im Mittel 13,9°C / 24,3°C Extremwerte: 6,2°C (1994) / 36,8°C (2003)	Sonne: 6:08 – 20:39 Mond: A 17:13 – U - -	Tag °C Nacht °C
15 Do Mariä Himmelfahrt	Erfurt (Min./Max. 1993-2022): im Mittel 12,7°C / 23,6°C Extremwerte: 6,2°C (2016) / 34,9°C (1998)	Sonne: 6:10 – 20:37 Mond: U 0:18 – A 18:20	Tag °C Nacht °C
16 Fr	Frankfurt/M. (Min./Max. 1993-2022): im Mittel 14,6°C / 25,8°C Extremwerte: 8,1°C (2018) / 38,4°C (2003)	Sonne: 6:11 – 20:35 Mond: U 1:11 – A 19:15	Tag °C Nacht °C
17 Sa	Stuttgart (Min./Max. 1993-2022): im Mittel 13,5°C / 24,8°C Extremwerte: 6,8°C (2001) / 37,7°C (2003)	Sonne: 6:13 – 20:33 Mond: U 2:21 – A 19:55	Tag °C Nacht °C
18 So	Augsburg (Min./Max. 1993-2022): im Mittel 12,1°C / 24,2°C Extremwerte: 5,6°C (2008) / 36,0°C (2003)	Sonne: 6:14 – 20:31 Mond: U 3:44 – A 20:25	Tag °C Nacht °C

Hagelunwetter mit Folgen

Am 2. Juni 2022 gab es im Süden des österreichischen Bundeslandes Kärnten schwere Gewitter. Ab 17 Uhr fielen in Völkermarkt in kurzer Zeit über 60 mm Regen, hinzu kam starker Hagel. Die Folge waren zahlreiche Überflutungen, entwurzelte Bäume und beschädigte Dächer. Andere Schäden wurden erst Wochen später sichtbar. Durch die golfballgroßen Hagelkörner war es vor allem an den Ästen von Kiefern zu „Platzwunden" gekommen. Der Saftstrom wurde unterbrochen, und die Zweige und Triebe begannen abzusterben. Massive Hagelschäden am Wald wie diese sind in Kärnten selten. Vor mehr als dreißig Jahren hatte es im Gurktal eine ähnliche Situation gegeben, wo ebenfalls Kiefern betroffen waren.

Einige Wochen nach dem Hagelunwetter zeigten sich zahlreiche abgestorbene Baumkronen.

Glut- und Höllennächte

Der Sommer 2023 brachte auf der Iberischen Halbinsel im Juli und August jeweils zwei intensive Hitzewellen mit zahlreichen Rekorden. Auch in den Nächten blieben die Temperaturen teilweise ungewöhnlich hoch. Neben den tropischen Nächten (Tiefstwert nicht unter 20 °C) wurden auch viele „Glutnächte" (noches tórridas, Tiefstwert nicht unter 25 °C) und „Höllennächte" (noches infernales, Tiefstwert nicht unter 30 °C) gezählt. Vereinzelt sanken die nächtlichen Temperaturen sogar nicht unter 35 °C, ein noch namenloses Phänomen. Auf den Kanarischen Inseln gab es die stärksten Hitzewellen im August (vom 10. bis 14. und vom 20. bis 24. August 2023), die auf allen Inseln Temperaturen bis über 40 °C brachten. In Tacorón auf El Hierro wurde am 12. August 2023 infolge von Föhneffekten ein Maximum von 46,2 °C gemessen. In Tasarte auf Gran Canaria waren es am selben Tag 45,8 °C und in der folgenden Nacht 34,6 °C. Der Tagesmittelwert betrug 40,2 °C, ein neuer Kanaren-Rekord. Von 1976 bis 2023 wurden auf den Kanaren 44 Hitzewellen erfasst, 16 davon in den Jahren bis 2000 und 28 in der Zeit danach.

19 Mo
Hamburg (Min./Max. 1993-2022): im Mittel 13,1°C / 23,0°C
Extremwerte: 5,6°C (2014) / 34,4°C (2012)
Sonne: 6:16 – 20:29
Mond: U 5:15 – A 20:47
Tag °C
Nacht °C

20 Di
Berlin (Min./Max. 1993-2022): im Mittel 14,5°C / 24,7°C
Extremwerte: 8,3°C (2021) / 36,4°C (2020)
Sonne: 6:17 – 20:27
Mond: U 6:46 – A 21:04
Tag °C
Nacht °C

21 Mi
Düsseldorf (Min./Max. 1993-2022): im Mittel 13,4°C / 24,1°C
Extremwerte: 6,1°C (1999) / 36,9°C (2012)
Sonne: 6:19 – 20:25
Mond: U 8:16 – A 21:19
Tag °C
Nacht °C

22 Do
Erfurt (Min./Max. 1993-2022): im Mittel 12,5°C / 23,5°C
Extremwerte: 5,0°C (1999) / 34,4°C (2012)
Sonne: 6:20 – 20:23
Mond: U 9:44 – A 21:34
Tag °C
Nacht °C

23 Fr
Frankfurt/M. (Min./Max. 1993-2022): im Mittel 14,2°C / 25,5°C
Extremwerte: 5,6°C (1993) / 36,4°C (2009)
Sonne: 6:22 – 20:21
Mond: U 11:11 – A 21:49
Tag °C
Nacht °C

24 Sa
Stuttgart (Min./Max. 1993-2022): im Mittel 13,2°C / 24,5°C
Extremwerte: 7,0°C (2014) / 35,2°C (2012)
Sonne: 6:23 – 20:19
Mond: U 12:39 – A 22:08
Tag °C
Nacht °C

25 So
Augsburg (Min./Max. 1993-2022): im Mittel 11,8°C / 23,9°C
Extremwerte: 5,1°C (2014) / 33,9°C (2012)
Sonne: 6:25 – 20:17
Mond: U 14:06 – A 22:31
Tag °C
Nacht °C

26 Mo Hamburg (Min./Max. 1993-2022): im Mittel 11,7°C / 21,0°C
Extremwerte: 3,8°C (2014) / 32,2°C (2019)
Sonne: 6:26 – 20:15
Mond: U 15:30 – A 23:03

Tag °C

Nacht °C

27 Di Berlin (Min./Max. 1993-2022): im Mittel 13,2°C / 22,6°C
Extremwerte: 7,0°C (2007) / 35,6°C (2015)
Sonne: 6:28 – 20:13
Mond: U 16:46 – A 23:47

Tag °C

Nacht °C

28 Mi Düsseldorf (Min./Max. 1993-2022): im Mittel 12,2°C / 22,0°C
Extremwerte: 5,0°C (1993) / 35,1°C (2001)
Sonne: 6:29 – 20:11
Mond: U 17:48 – A - -

Tag °C

Nacht °C

29 Do Erfurt (Min./Max. 1993-2022): im Mittel 11,3°C / 21,4°C
Extremwerte: 3,8°C (1993) / 33,6°C (2015)
Sonne: 6:31 – 20:09
Mond: A 0:44 – U 18:35

Tag °C

Nacht °C

30 Fr Frankfurt/M. (Min./Max. 1993-2022): im Mittel 13,0°C / 23,5°C
Extremwerte: 5,0°C (1993) / 35,3°C (2016)
Sonne: 6:32 – 20:07
Mond: A 1:52 – U 19:08

Tag °C

Nacht °C

31 Sa Stuttgart (Min./Max. 1993-2022): im Mittel 12,1°C / 22,4°C
Extremwerte: 3,8°C (1998) / 34,4°C (2011)
Sonne: 6:34 – 20:05
Mond: A 3:06 – U 19:32

Tag °C

Nacht °C

Wetter und Garten

Dill stammt ursprünglich aus Vorderasien und Indien, ist inzwischen jedoch in ganz Europa, Nord- und Südamerika verbreitet. Die Pflanze mit dem charakteristischen aromatischen Duft wird schon seit etwa 5000 Jahren als Heil- und Gewürzkraut verwendet. Die Ägypter kannten Dill als beruhigende Medizin, und die Griechen wussten, dass Dill gegen Schluckauf hilft. Im Mittelalter wurde er zur Abwehr von bösen Geistern eingesetzt, während man gleichzeitig seine positive Wirkung auf Bauchschmerzen und Koliken erkannte. Dill ist eine einjährige Pflanze mit einer tiefreichenden Pfahlwurzel. Seine Stängel verzweigen sich kaum und werden 60 bis 150 Zentimeter hoch. Im Laufe des Sommers erscheinen große Dolden mit vielen kleinen gelben Blüten (wie im Bild unten). Sie locken zahlreiche Insekten an. Dill braucht einen sonnigen bis halbschattigen Standort, der windgeschützt ist. Der Boden kann nährstoffarm sein, darf aber nicht zu nass werden.

Monatsthema

Die persischen Qanate

Im Hochland des Iran wurde vor etwa 3000 Jahren eine technische Meisterleistung entwickelt: die Qanat-Bewässerung. Ein Qanat ist eine unterirdische Wasserrinne von vielen Kilometern Länge. Der Stollen geht meist vom Fuß eines umliegenden Berges aus und endet in einem Oasendorf oder in einer Stadt (Abb. 8.1). Die Bewässerung trockener Gebiete, die eine landwirtschaftliche Produktion erst möglich macht, stellte nicht nur im Iran seit jeher eine Herausforderung dar. Auch in anderen Staaten und Gebieten im Nahen Osten und auf der arabischen Halbinsel wurden Kanalsysteme ähnlich dem persischen eingerichtet. So findet man qanatähnliche Bewässerungssysteme unter anderen Namen auch in Afghanistan (Karez), Pakistan, China (Kanerjing), Spanien (Gálerias), Marokko (Khettara), Nordafrika (Foggara) und auf der gesamten arabischen Halbinsel (Falaj) sowie in Lateinamerika.

Die Qanattechnik

In ariden Gebieten, in denen Niederschläge am ehesten an den Erhebungen von Gebirgen fallen, versickert der Niederschlag und wird in einer wasserführenden Schicht über einer undurchlässigen Zone weit unter die Trockengebiete geleitet. Meist liegt die

Abb. 8.1: Der Schāhzādeh-Garten liegt in der Provinz Kerman südöstlich der gleichnamigen Stadt. Der Garten wird von einem Quanat bewässert und bildet eine Oase inmitten der Wüste.

Abb. 8.2: Das Gadara-Aquädukt (Qanat Fir'aun) war ein römisches Fernwasserleitungs-System im Bereich des heutigen Jordanien und Syrien.

wasserführende Schicht dann zu tief, um mit einem normalen Brunnen erreicht werden zu können. Am Versickerungsort kann dagegen das Grundwasser oft noch mit einfachen Mitteln durch einen Schacht zugänglich gemacht werden.
Die Qanattechnik breitete sich vor allem in Hochlandkulturen aus, weil größere Flüsse fehlen und die Siedlungen außerdem nahe zu einem vergleichsweise niederschlagsreichen Berg oder Gebirge liegen. Doch auch das aride Klima mit seinen extrem hohen Verdunstungsraten spielt eine Rolle, da Quellen schnell austrocknen und eine oberflächliche Leitung des Wassers über lange Distanzen zu hohen Verdunstungsverlusten führen würde. Für den Grundwasserreichtum sind vor allem die Steigungsregen an den Berghängem verantwortlich, deren Wasser versickert.
Ein Qanat besteht grundsätzlich aus einem horizontalen Tunnel, durch den eine unterirdische wasserführende Schicht angezapft wird. Der Stollen selbst ist 50 bis 80 cm breit und 90 bis 150 cm hoch. Der Stollen muss ein hangabwärts gerichtetes kleines Gefälle aufweisen, um ein Abfließen des Wassers zu gewährleisten (Abb. 8.2). Dieses Gefälle darf nicht zu groß sein, da das Wasser sonst eine zu hohe Geschwindigkeit erreicht und die unbefestigten Stollen-Wände erodiert. Dies würde die Stollen destabilisieren und schließlich zum

Abb. 8.3: Qanat-System mit Belüftungsschächten, die wie riesige Maulwurfshügel aussehen.

Einsturz führen. An der Oberfläche und besonders gut vom Flugzeug aus kann man die Qanat-Systeme an den perlschnurartig aufgereihten Arbeitsschächten erkennen, die dem Materialaushub beim Bau und dem Unterhalt dienen (Abb. 8.3). Die regelmäßige Abfolge der kraterähnlichen Schachtöffnungen schwankt je nach anstehendem Material und Tiefe des Ableitungsstollens zwischen 20 und 200 Metern. Der gefährliche Bau und die Wartung erfolgt seit jeher durch eine spezielle Berufsgruppe, die Moghanni. Mit einfachsten technischen Mitteln wie Fußwinde, Hanfseil, Ledersack, Kurzhacke, Handschaufel, Kerzen und einfachen Nivelliergeräten schufen sie die unterirdischen Stollen. Durch eine graduelle Neigung des Tunnels wird der Wasserfluss hin zum sogenannten Mazhar ermöglicht, dem Ausgang des Tunnels, von dem aus weitere, nun oberirdisch verlaufende Kanäle die Wasserversorgung der Felder sicherstellen.

Heutige Bedeutung

Um 1950 gab es im Iran noch 50.000 dieser Stollen, die 40 Prozent aller Dörfer des Landes bewässerten. Auch der Raum Teheran gehörte zu den ehemals wichtigsten Qanat-Landschaften des Hochlandes von Iran. Heute wird die Hauptstadt vor allem durch den Karadj-Staudamm mit Wasser versorgt. Auch in der Landwirtschaft ist die Bedeutung des Qanat-Bewässerungssystems durch die Konkurrenz von Staudammkanälen und Motorpumpen stark zurückgegangen. Nach groben Schätzungen ist davon auszugehen, dass der Beitrag der Stollen zur Wasserbeschaffung im Agrarbereich heute nur noch fünf bis zehn Prozent ausmacht. Es gibt jedoch im Iran Tendenzen, die Qanate wieder zu beleben. Mit relativ geringem Aufwand kann das Prinzip der Stollenbewässerung an moderne technische Möglichkeiten angepasst werden.

Die auf den zahlreichen Werbetafeln im Stadtgebiet von Phoenix (US-Bundesstaat Arizona) eingeblendeten Temperaturen wurden im Sommer 2023 zu einem beliebten Fotomotiv. Von Ende Juni bis Mitte September gab es dort ungewöhnlich viele Tage mit einem Höchstwert von 110 °F (43 °C) und mehr. Vom 30. Juni bis zum 30. Juli 2023 wurden solche Temperaturen an jedem Tag erreicht, deutlich länger als bei der Serie von 18 Tagen im bisherigen Rekordsommer 1974. In der zweiten Julihälfte waren es mehrfach 117 bis 119 °F (47 bis 48 °C) und in einigen Nächten kühlte es nicht unter 95 °F (35 °C) ab. Diesen Verhältnissen hielten sogar einige der an das dortige Klima sehr gut angepassten Saguaro-Kakteen nicht stand und kippten um oder verloren ein Teil ihrer charakteristischen Arme.

Wetter und Natur

Schwimmende Gärten

Im Süden von Bangladesch gehören Überschwemmungen während der Monsunzeit zum Alltag. Früher dauerten die Überflutungen etwa fünf Monate im Jahr. Heute steht das Land teilweise bis zu zehn Monate unter Wasser. Ursache ist weniger der steigende Meeresspiegel, sondern das absinkende Land, denn der Schlamm, der die Erosionen ausgeglichen hatte, wird mittlerweile von Dämmen weiter oben in den Flussläufen zurückgehalten. Außerdem sind tropische Wirbelstürme häufiger geworden. Eine Alternative zum Reisanbau können für die Landwirtschaft schwimmende Gärten sein, eine traditionelle Technik in der Region. Die länglichen Beete werden aus den Stängeln von Wasserhyazinthen und organischen Abfällen wie etwa Kuhmist hergestellt und mit langen Bambusstangen gegen das Abdriften gesichert. Düngestoffe wie Kalium, Stickstoff oder Phosphor ziehen die Pflanzen aus dem Wasser, oder direkt aus den verwesenden Beeten. Die schwimmenden Beete brauchen weniger Platz als konventioneller Anbau, außerdem sind weniger Pestizide notwendig.

Auf den schwimmenden Beeten gedeihen Gemüse und Früchte wie Gurken, Rettiche, Kürbisse oder Papayas, deren Setzlinge in kleinen Torfbällen angepflanzt werden.

Allerdings ist diese Art des Anbaus sehr arbeitsaufwendig. Ein neues Beet in Handarbeit herzustellen dauert etwa zwei Monate. Nach drei bis vier Monaten muss es bereits wieder ersetzt werden.

September in Santa Marta

Die Stadt Santa Marta (11° 14' N, 74° 12' W) liegt an der Karibikküste Kolumbiens. Die mittleren Höchstwerte liegen dort ganzjährig um 33 °C, die Tiefstwerte um 24 °C. Nächte mit Temperaturen unter 20 °C kommen nur gelegentlich vor und gelten als frisch. Trotz dieser tropischen Temperaturen gibt es in nur rund 50 km Entfernung Schnee und Gletscher. In der nahen Sierra Nevada de Santa Marta liegt nämlich der höchste Berg Kolumbiens, der Pico Cristóbal Colón. Er ist rund 5700 m hoch, wobei die Höhenangaben zwischen 5685 und 5775 m schwanken. Neben einer Trockenzeit von Dezember bis April mit nur sehr wenig Regen gibt es in Santa Marta auch eine Regenzeit mit Höhepunkt im September und Oktober. Die mittleren Monatsmengen erreichen dann rund 100 mm, in seltenen Fällen deutlich mehr, wenn ein tropischer Wirbelsturm meist nördlich an der Stadt vorbeizieht. Schäden können dabei auch durch die sehr hohen Wellen entstehen.

Wetterwissen

Ungewöhnlich großes Ozonloch

Typischerweise ist das Ozonloch über der Antarktis dann am ausgeprägtesten, wenn im September die Polarnacht endet und die Sonneneinstrahlung die ozonabbauenden Reaktionen in der noch sehr kalten antarktischen Stratosphäre in Gang setzt. Im Detail unterscheiden sich die Verhältnisse von Jahr zu Jahr etwas, so dass es zu gewissen Schwankungen in der Ausprägung kommt. Im Mittel ist das Ozonloch seit der Jahrtausendwende etwas kleiner geworden, als es noch in den 1980er Jahren war. Doch im September 2023 war eine unerwartet große Fläche von 26 Millionen Quadratkilometern betroffen, etwa die dreifache Größe von Brasilien. Größer war das Ozonloch bisher nur im Jahr 2006, als es 29,6 Millionen Quadratkilometer umfasste. Eine Ursache könnte der heftige Ausbruch des südpazifischen Tonga-Vulkans im Januar 2022 sein, wobei rund 150 Millionen Tonnen Wasser in die Stratosphäre gelangten, mehr als jemals zuvor gemessen. Dadurch konnten sich über der Antarktis womöglich vermehrt polare Stratosphärenwolken bilden, die ozonabbauende Reaktionen begünstigen. Weil noch kein zuvor beobachteter Vulkanausbruch so weit in die Höhe reichte und so viele Gase in die Stratosphäre verfrachtete, fehlen jedoch die Vergleichswerte.

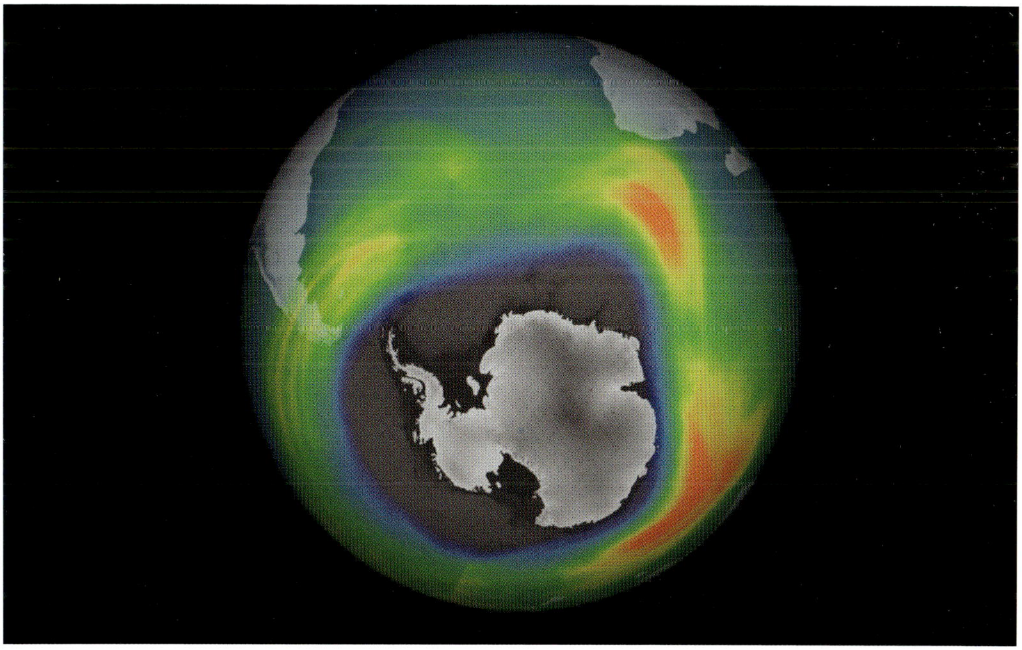

Im Bereich des sogenannten Ozonlochs kommt es aufgrund chemischer Reaktionen zu einer vorübergehenden Ausdünnung der Ozonschicht um bis zu 80 Prozent. Am 16. September 2023 zeigten die Satellitenmessungen eine besonders große Ausdehnung des jährlich wiederkehrenden antarktischen Ozonlochs.

Typische Wetterlagen im September

Süd, Südwest: Im Westen und Norden teilweise bewölkt mit etwas Regen, nach Osten hin Wechsel zwischen Sonne und Wolkenfeldern. Spätsommerlich warm mit Höchstwerten zwischen 22 und 28 °C (manchmal auch bis über 30 °C), in der ersten Monatshälfte teils noch schwül und gewittrig.

West, Tiefdrucklage über Mitteleuropa: Wechselhaftes Wetter. Durchzug von Fronten mit Regen, dazwischen vorübergehend sonnige Phasen. Wechsel zwischen warmer Meeresluft mit Temperaturen von 18 bis 24 °C und kalter Meeresluft mit 14 bis 20 °C.

Nordwest, Nord, Nordost: Wechselhaftes Wetter. Besonders nach Osten hin und am Nordalpenrand öfter Regen, Schnee manchmal bis in Lagen unter 1500 m herab. Kühl bei Temperaturen von 11 bis 18 °C, nur bei längerem Sonnenschein um 20 °C. In klaren Nächten leichter Frost um -2 °C möglich.

Ost, Südost, Hochdrucklage über Mitteleuropa: In den Morgenstunden im Monatsverlauf zunehmende Nebelneigung, sonst viel Sonne. Tagsüber angenehm warm bei 17 bis 23 °C (örtlich um 25 °C), nachts kühl bei Temperaturen zwischen 2 und 8 °C. In der zweiten Monatshälfte Gefahr von leichtem Frost bis -2°C. Diese Wetterlage dauert in manchen Jahren ein bis zwei Wochen an.

Kühler Beginn

Der September 2014 begann mit vielen Wolken und örtlichem Regen bei 15 bis 20 °C.

1 So
Augsburg (Min./Max. 1993-2022): im Mittel 10,6°C / 21,7°C
Extremwerte: 3,0°C (1993) / 33,8°C (2011)
Sonne: 6:35 – 20:03
Mond: A 4:21 – U 19:50
Klimatologischer Herbstanfang
Tag °C
Nacht °C

2 Mo Hamburg (Min./Max. 1993-2022): im Mittel 11,2°C / 20,5°C — Sonne: 6:37 – 20:00
Extremwerte: 3,4°C (1996) / 28,0°C (2013) — Mond: A 5:34 – U 20:04
Tag °C
Nacht °C

3 Di Berlin (Min./Max. 1993-2022): im Mittel 12,2°C / 21,5°C — Sonne: 6:38 – 19:58
Extremwerte: 6,4°C (2007) / 30,0°C (2016) — Mond: A 6:45 – U 20:16
Tag °C
Nacht °C

4 Mi Düsseldorf (Min./Max. 1993-2022): im Mittel 11,9°C / 21,7°C — Sonne: 6:40 – 19:56
Extremwerte: 4,4°C (1996) / 32,0°C (2013) — Mond: A 7:53 – U 20:26
Tag °C
Nacht °C

5 Do Erfurt (Min./Max. 1993-2022): im Mittel 10,3°C / 20,4°C — Sonne: 6:41 – 19:54
Extremwerte: 2,8°C (2003) / 29,1°C (2005) — Mond: A 9:01 – U 20:37
Tag °C
Nacht °C

6 Fr Frankfurt/M. (Min./Max. 1993-2022): im Mittel 12,0°C / 22,6°C — Sonne: 6:43 – 19:52
Extremwerte: 2,6°C (1996) / 31,2°C (2013) — Mond: A 10:09 – U 20:49
Tag °C
Nacht °C

7 Sa Stuttgart (Min./Max. 1993-2022): im Mittel 11,0°C / 21,5°C — Sonne: 6:44 – 19:50
Extremwerte: 2,4°C (1993) / 30,3°C (2016) — Mond: A 11:19 – U 21:02
Tag °C
Nacht °C

8 So Augsburg (Min./Max. 1993-2022): im Mittel 9,5°C / 20,7°C — Sonne: 6:45 – 19:48
Extremwerte: 1,8°C (2003) / 28,3°C (2011) — Mond: A 12:31 – U 21:19
Tag °C
Nacht °C

Regenchaos in der Wüste

In der Black-Rock-Wüste im US-Bundesstaat Nevada findet jedes Jahr bis zum ersten Montag im September ein neuntägiges Musikfestival statt. Zum Abschluss wird eine riesige Holzfigur verbrannt, daher der Name Burning Man. Das Wetter ist bei dem Festival eine größere Herausforderung als man zunächst erwarten würde, nicht nur wegen der Hitze. So im Jahr 2013, als durch plötzlichen Starkregen und Hagel der Wüstenboden mit zentimeterhohem Wasser bedeckt war. Im Jahr 2018 mussten die Zufahrtswege wegen Sturms gesperrt werden und immer wieder sorgten heftige Gewitterregen für Probleme. Auch 2023 führten wiederholte Regengüsse zu einer Unterbrechung. Selbst das Gehen war tückisch, denn der dicke, schleimige Schlamm klebte an den Schuhen und allem, was er berührte. So war auch eine Abreise auf den verschlammten Wegen nicht möglich. Zwischenzeitlich mussten Essen und Wasser rationiert werden. Erst am Dienstag, den 5. September 2023 konnte das Fahrverbot schließlich aufgehoben werden und eine riesige Karavane aus Pkws und Wohnmobilen setzte sich in Bewegung.

Erneute Rekordschmelze

Nach der Rekord-Gletscherschmelze im Sommer 2022 gab es im Alpenraum auch im Jahr 2023 extreme Eisverluste. Die Eisdicke der Gletscher nahm oft mehrere Meter ab. Nach einem schneearmen Winter folgte der drittwärmste Sommer seit Messbeginn mit einer zeitweise extrem hohen Nullgradgrenze. Vereinzelte Sommerschneefälle hatten daher kaum Auswirkungen. Die Schweizer Gletscher verloren in den beiden außergewöhnlichen Jahren 10 Prozent ihres Eisvolumens (2022: 6 Prozent, 2023: 4 Prozent). Es wird auch wieder Jahre mit geringerer Gletscherschmelze geben, eine Trendumkehr ist aber nicht zu erwarten.

Tropfendes Gletschereis nahe des Piz Bernina auf einer Höhe von 3100 m im September 2023.

9 Mo
Hamburg (Min./Max. 1993-2022): im Mittel 11,1°C / 19,7°C
Extremwerte: 2,8°C (1998) / 30,1°C (2016)
Sonne: 6:47 – 19:45
Mond: A 13:44 – U 21:41
Tag °C
Nacht °C

10 Di
Berlin (Min./Max. 1993-2022): im Mittel 11,9°C / 20,9°C
Extremwerte: 5,3°C (2008) / 32,0°C (2016)
Sonne: 6:48 – 19:43
Mond: A 14:57 – U 22:13
Tag °C
Nacht °C

11 Mi
Düsseldorf (Min./Max. 1993-2022): im Mittel 11,6°C / 20,9°C
Extremwerte: 5,7°C (2008) / 34,0°C (2020)
Sonne: 6:50 – 19:41
Mond: A 16:06 – U 22:57
Tag °C
Nacht °C

12 Do
Erfurt (Min./Max. 1993-2022): im Mittel 10,3°C / 19,7°C
Extremwerte: 3,6°C (2012) / 31,4°C (2016)
Sonne: 6:51 – 19:39
Mond: A 17:05 – U 23:58
Tag °C
Nacht °C

13 Fr
Frankfurt/M. (Min./Max. 1993-2022): im Mittel 11,8°C / 21,8°C
Extremwerte: 3,4°C (1997) / 32,8°C (2016)
Sonne: 6:53 – 19:37
Mond: A 17:50 – U - -
Tag °C
Nacht °C

14 Sa
Stuttgart (Min./Max. 1993-2022): im Mittel 10,5°C / 21,0°C
Extremwerte: 2,3°C (1996) / 31,5°C (2016)
Sonne: 6:54 – 19:34
Mond: U 1:14 – A 18:23
Tag °C
Nacht °C

15 So
Augsburg (Min./Max. 1993-2022): im Mittel 8,8°C / 20,1°C
Extremwerte: 0,9°C (2012) / 29,5°C (2011)
Sonne: 6:56 – 19:32
Mond: U 2:40 – A 18:48
Tag °C
Nacht °C

16 Mo
Hamburg (Min./Max. 1993-2022): im Mittel 9,0°C / 18,1°C
Extremwerte: 2,0°C (1997) / 31,4°C (2018)
Sonne: 6:57 – 19:30
Mond: U 4:10 – A 19:07
Tag °C
Nacht °C

17 Di
Berlin (Min./Max. 1993-2022): im Mittel 9,8°C / 19,0°C
Extremwerte: 4,3°C (1997) / 30,7°C (2018)
Sonne: 6:59 – 19:28
Mond: U 5:41 – A 19:23
Tag °C
Nacht °C

18 Mi
Düsseldorf (Min./Max. 1993-2022): im Mittel 9,6°C / 19,5°C
Extremwerte: 3,0°C (2008) / 31,8°C (2018)
Sonne: 7:00 – 19:26
Mond: U 7:11 – A 19:38
Tag °C
Nacht °C

19 Do
Erfurt (Min./Max. 1993-2022): im Mittel 7,8°C / 17,9°C
Extremwerte: 0,0°C (2008) / 29,4°C (2018)
Sonne: 7:02 – 19:23
Mond: U 8:41 – A 19:53
Tag °C
Nacht °C

20 Fr
Frankfurt/M. (Min./Max. 1993-2022): im Mittel 9,3°C / 20,0°C
Extremwerte: 3,0°C (2010) / 32,7°C (2020)
Sonne: 7:03 – 19:21
Mond: U 10:11 – A 20:11
Tag °C
Nacht °C

21 Sa
Stuttgart (Min./Max. 1993-2022): im Mittel 8,0°C / 19,0°C
Extremwerte: 1,7°C (2022) / 30,2°C (2003)
Sonne: 7:05 – 19:19
Mond: U 11:42 – A 20:33
Tag °C
Nacht °C

22 So
Augsburg (Min./Max. 1993-2022): im Mittel 6,7°C / 18,2°C
Extremwerte: 0,0°C (2008) / 30,3°C (1993)
Sonne: 7:06 – 19:17
Mond: U 13:11 – A 21:02
Astronomischer Herbstanfang (14:43 MESZ)
Tag °C
Nacht °C

Wetter und Garten

Stockrosen (Alcea) sind Blühstauden und bilden eine eigene Gattung in der Familie der Malvengewächse (Malvaceae). Anders als ihr Name vermuten lässt, gehört die Stockrose also nicht zu den Rosengewächsen und weist auch optisch große Unterschiede auf. Im ersten Jahr wird nur die Blattrosette gebildet, aus der im zweiten Jahr ein kräftiger, kaum verzweigter Stiel mit zahlreichen Blütenähren wächst, der mehrere Meter Höhe erreichen kann. Stockrosen gedeihen am besten an einem sonnigen und windgeschützten Standort, wie beispielsweise an einer Hauswand. Bei zu starkem Wind können die langen Stiele leicht brechen.

Die Blütezeit der meisten Stockrosenarten dauert von Juli bis September.

„Blühen im Herbst die Bäume auf's neu, währet der Winter bis zum Mai."

Wenn nach einer langen sommerlichen Trockenphase im Herbst ausreichend Regen fällt und dazu noch recht hohe Temperaturen herrschen, kann eine erneute Blütenbildung beispielsweise an Obstbäumen vorkommen. Ursache ist also der Witterungsverlauf der vergangenen Monate. Eine Prognose für den kommenden Winter lässt sich daraus nicht ableiten. Nach der Herbstblüte können in der kurzen Zeit bis zu den ersten Frösten keine neuen Knospen mehr angelegt werden. An den betroffenen Bäumen gibt es daher im Frühjahr weniger Blüten.

New York unter Wasser

Am 29. September 2023 traf ein aus dem tropischem Sturm „Ophelia" entstandenes Tief auf New York und verursachte dort Starkregen und schwere Überflutungen. Es fielen 150 bis 200 mm Regen und somit an einem Tag mehr als durchschnittlich in einem ganzen Monat. Der Betrieb vieler U-Bahn-Linien wurde eingestellt, nachdem Wasser in die Stationen gelaufen war.

23 Mo
Hamburg (Min./Max. 1993-2022): im Mittel 9,1°C / 17,2°C
Extremwerte: 1,8°C (2010) / 24,8°C (2000)
Sonne: 7:08 – 19:15
Mond: U 14:34 – A 21:42
Tag °C
Nacht °C

24 Di
Berlin (Min./Max. 1993-2022): im Mittel 9,6°C / 18,2°C
Extremwerte: 2,3°C (2002) / 27,9°C (2020)
Sonne: 7:09 – 19:12
Mond: U 15:43 – A 22:36
◑
Tag °C
Nacht °C

25 Mi
Düsseldorf (Min./Max. 1993-2022): im Mittel 9,7°C / 18,6°C
Extremwerte: 0,8°C (2018) / 27,3°C (2016)
Sonne: 7:11 – 19:10
Mond: U 16:35 – A 23:42
Tag °C
Nacht °C

26 Do
Erfurt (Min./Max. 1993-2022): im Mittel 7,9°C / 16,9°C
Extremwerte: -0,4°C (2002) / 25,4°C (2011)
Sonne: 7:12 – 19:08
Mond: U 17:12 – A - -
Tag °C
Nacht °C

27 Fr
Frankfurt/M. (Min./Max. 1993-2022): im Mittel 9,4°C / 19,0°C
Extremwerte: 2,4°C (2002) / 26,2°C (2011)
Sonne: 7:14 – 19:06
Mond: A 0:55 – U 17:38
Tag °C
Nacht °C

28 Sa
Stuttgart (Min./Max. 1993-2022): im Mittel 8,0°C / 18,3°C
Extremwerte: 0,2°C (2002) / 26,1°C (2021)
Sonne: 7:15 – 19:04
Mond: A 2:10 – U 17:58
Tag °C
Nacht °C

29 So
Augsburg (Min./Max. 1993-2022): im Mittel 6,7°C / 17,4°C
Extremwerte: -1,8°C (2002) / 24,7°C (2018)
Sonne: 7:17 – 19:01
Mond: A 3:23 – U 18:12
Tag °C
Nacht °C

30 Mo	Hamburg (Min./Max. 1993-2022): im Mittel 8,0°C / 15,9°C	Sonne: 7:19 – 18:59
	Extremwerte: -1,3°C (1995) / 26,1°C (2011)	Mond: A 4:34 – U 18:25
Tag °C		
Nacht °C		

Wellen-Kunst

Der Fotograf Clark Little zeigt die hawaiianischen Wellen aus ungewöhnlichen Perspektiven.

Monatsthema

Sintflut am Mittelmeer

Das Tief „Daniel“ bildete sich Anfang September 2023 im östlichen Mittelmeerraum und löste extreme Regenfälle aus, so dass es in Südosteuropa und Nordafrika zu schweren Überflutungen kam. Betroffen waren insbesondere Griechenland, Bulgarien, die Türkei und Libyen.

Die Wetterkonstellation

Unwettertiefs und auch starke Gewitter gibt es im Mittelmeerraum gerade während der Herbstmonate immer wieder, aber die Regenmengen im Bereich von „Daniel“ waren außergewöhnlich und sorgten teils für Rekorde. Verantwortlich für diese Entwicklung waren mehrere Faktoren. Zum einen hatte sich eine sogenannte Omega-Wetterlage eingestellt, bei der sich ein markantes Hochdruckgebiet über Mitteleuropa festsetzte und von einem Tief im Südwesten und einem Tief im Südosten flankiert wurde (Abb. 9.1). So gab es in Mitteleuropa einen sonnigen Witterungsabschnitt mit für September ungewöhnlich hohen Temperaturen von über 30 °C. In den jeweils betroffenen Tiefdruckregionen dagegen wechselhaftes und nasses Wetter mit sich nur langsam verlagernden Regenzonen. Ein weiterer wichtiger Faktor bei der Entstehung dieser Unwetterlage waren die sehr hohen Wassertemperaturen des Mittelmeeres, die zwei bis drei Grad über dem Durchschnitt lagen. Dadurch war mehr Wasser verdunstet und das Niederschlagspotential

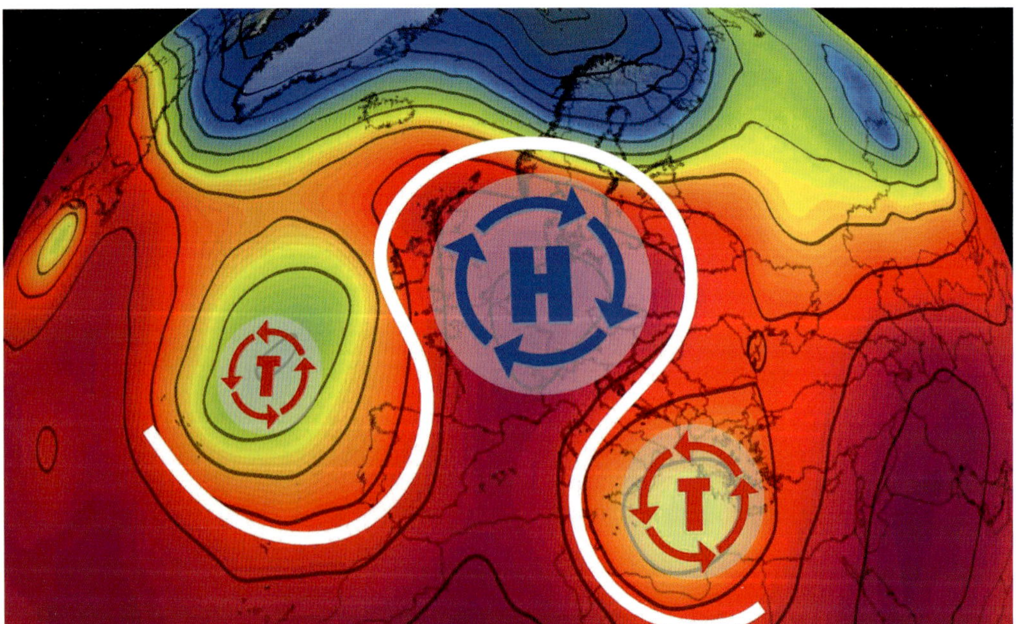

Abb. 9.1: Die Wetterlage Anfang September 2023. Dargestellt sind die für die Großwetterlage maßgeblichen Strömungsverhältnisse in etwa 5 km Höhe. Eine solche Hoch-Tief-Konstellation erinnert an den griechischen Buchstaben Omega und ist oft tagelang stabil.

Abb. 9.2: Die Fluten in Thessalien vernichteten nicht nur die gesamte landwirtschaftliche Produktion des Jahres 2023, sondern haben auch Langfristschäden zur Folge. Man geht davon aus, dass die von einer dicken Schlammschicht bedeckten Felder bis zu fünf Jahre nicht genutzt werden können.

erhöht. Schließlich kommt noch die Orographie ins Spiel. Im Fall von Griechenland staute sich die sehr feuchte Luft lange Zeit an den Gebirgszügen, wo es dann zu sehr schweren Regenfällen kam. In einer Untersuchung im Bereich Europa-Nordatlantik für die Septembermonate der Jahre 1990 bis 2019 hat die Intensität von Omega-Wetterlagen aufgrund der steigenden Temperaturen zugenommen, die Häufigkeit dagegen aus ungeklärten Gründen abgenommen.

Rekordregen in Griechenland

Die Regengebiete von Tief „Daniel" wurden mit einer südöstlichen Strömung gegen die Gebirge an der Ostküste Griechenlands gedrückt und sorgten damit für langanhaltende und heftige Niederschläge. Betroffen war vor allem die Region Thessalien nördlich von Athen. Im Bergdorf Zagora (458 m) fielen am 5. September 2023 innerhalb von 18 Stunden 754 mm Regen, ein neuer Rekord für Griechenland. In der Folge kam es zeitweise zu einem Stationsausfall. Als Gesamtmenge wurden 1096 mm registriert. Stromausfälle verursachten auch an anderen Wetterstationen Übertragungsfehler oder Datenverluste. Allein in Larisa und Volos wurden zudem innerhalb von zwei Stunden rund 12.000 Blitze gezählt. An den Berghängen kam es zu Sturzfluten. Vom Pinios und seinen Nebenflüssen wurden weite Gebiete der Thessalischen Tiefebene überflutet (Abb. 9.2). Etwa drei Wochen nach dem Durchzug von „Daniel" waren Teile der schwer betroffenen Region erneut überflutet, als ein weiteres Tief Regenmengen bis örtlich über 100 mm brachte.

Abb. 9.3: Das Satellitenbild vom 10. September 2023 zeigt den Wolkenwirbel von „Daniel" über dem Norden von Libyen.

Katastrophe in Libyen

Nachdem das Unwettertief Griechenland verwüstet hatte, zog es über das Mittelmeer nach Süden und entwickelte sich über dem ungewöhnlich warmen Mittelmeerwasser zu einem „Medicane", einem Sturmtief mit tropischem Charakter. Am 10. September 2023 traf der Medicane mit Windgeschwindigkeiten von 70 bis 80 km/h auf Libyen, wo er in der Folge ebenfalls große Schäden anrichtete (Abb. 9.3). In der Küstenstadt al-Baida fielen innerhalb eines Tages 414,1 mm Regen, in der östlich davon gelegenen Hafenstadt Darna 73 mm. Der durchschnittliche Gesamtniederschlag für September liegt in Darna bei lediglich 4 mm. Das Regen- und Sturmtief schwächte sich auf seinem weiteren Weg nach Osten ab und brachte am 11. September 2023 in Teilen von Ägypten nur noch gemäßigte Regenmengen.

Infolge der Wassermassen brachen südlich von Darna zwei Staudämme: ein Staudamm an der Südgrenze der Stadt und einer mehrere Kilometer weiter südlich im Wadi Darna. Durch die Flutwellen stieg der Wasserstand in Darna schlagartig auf bis zu 10 Meter. Entlang des durch Darna verlaufenden Flussbettes, das in der Regel im Sommer kein Wasser führt, wurden ganze Stadtviertel zerstört und ins Mittelmeer gespült. Im Jahr 2022 wurde davor gewarnt, dass die Dämme einer Überschwemmung von einer Größenordnung, wie es sie zuletzt 1959 in Libyen gegeben hatte, wahrscheinlich nicht standhalten würden.

Mit über 800 Hektar Rebfläche sind die historischen Weinbergterrassen des Lavaux eines der größten zusammenhängenden Weinbaugebiete der Schweiz. Das am 28. Juni 2007 zum UNESCO-Welterbe erklärte Gebiet liegt am Nordostufer des Genfersees zwischen Lausanne und Montreux in der sogenannten Schweizer Riviera und erstreckt sich über eine Länge von rund 40 Kilometern. Bereits im 11. Jahrhundert wurden hier unter der Leitung von Mönchen Weinbergterrassen angelegt. Die steilen Rebberge mit Weinlagen wie Saint-Saphorin, Dézaley oder Epesses profitieren vom milden Seeklima. Man sagt, sie seien gleich dreifach verwöhnt: von der direkten Sonnenstrahlung, der an der Wasseroberfläche gespiegelten Sonne und von der in den vielen Steinmauern gespeicherten Sonnenwärme.

Wetter und Natur

Amerikanische Zitterpappeln

Amerikanische Zitterpappeln (Populus tremuloides), deren Name daher rührt, dass sich ihre Blätter schon beim leisesten Windhauch zitternd bewegen, sind in mehrerer Hinsicht besondere Bäume. Eigentlich sind sie gar keine Bäume im herkömmlichen Sinn, denn es handelt sich nicht um individuelle Pflanzen, sondern um die oberirdischen Triebe eines weit verzweigten Wurzelsystems. Sobald genügend Sonnenlicht vorhanden ist, findet diese sogenannte vegetative Reproduktion statt und es bilden sich viele genetisch identische Klontriebe. Im Fall von Wildschäden, Krankheiten oder wenn zu wenig Licht vorhanden ist, weil beispielsweise Fichten und Tannen die Zitterpappeln überwuchern, kann das Wurzelsystem auch nach über hundert Jahren Ruhe wieder austreiben. Eine weitere Besonderheit der Zitterpappeln ist eine dünne grüne Schicht, die unterhalb ihrer weißgrauen Rinde liegt und Photosynthese betreiben kann. Dadurch werden auch im Winter Kohlenhydrate gebildet, so dass der Baum keine Winterruhe einlegen muss und weiterhin wächst. In sehr

Im US-Bundesstaat Utah, im Fishlake National Forest, existiert das größte und mit vermutlich 14.000 Jahren älteste Zitterpappel-Wurzelsystem, genannt Pando.

harten Wintern bietet die Rinde zudem eine lebensnotwendige Nahrung für Wild. Amerikanische Zitterpappeln haben ein großes Verbreitungsgebiet in weiten Teilen Kanadas und in den nördlichen USA. Entscheidend sind ausreichende Jahresniederschläge und nicht zu hohe Sommertemperaturen.

Oktober in Aspen

Die Kleinstadt Aspen (39° 12' N, 106° 49' W) liegt im US-Bundesstaat Colorado in den Rocky Mountains auf einer Höhe von rund 2400 m. Der Ort wurde im Jahr 1879 gegründet und war zunächst Zentrum eines Silberbergbaugebiets. Der Name Aspen erklärt sich durch die vielen Zitterpappeln in den umliegenden Wäldern (Espen, engl. aspen). Seit Mitte des 20. Jahrhunderts ist Aspen vor allem als vergleichsweise schneesicherer Wintersportort mit inzwischen vier umliegenden Skigebieten bekannt. Im Oktober schneit es dort in den meisten Jahren das erste Mal in der Saison ergiebig bis ins Tal. Vor allem im ersten Oktoberdrittel kommen aber auch noch sonnig-warme Herbsttage mit Temperaturen bis über 20 °C vor, während zum Monatsende hin Nachtfröste bis unter -5 °C keine Seltenheit sind. Die mittlere Sonnenscheindauer von 8 Stunden pro Oktobertag liegt in Aspen deutlich über der von vielen Orten in den Alpen.

Wetterwissen

Rekordhochwasser an der Ostsee

Am 20. und 21. Oktober 2023 gab es an der Ostsee ungewöhnlich hohe Wasserstände. Die großen Luftdruckgegensätze zwischen einem kräftigen Hoch über Skandinavien und einem starken Tief über Westeuropa waren ein Faktor für das Ereignis. Daraus resultierte ein ausgedehnter und langanhaltender Oststurm mit Orkanböen in exponierten Küstenlagen, wie er im Oktober nur sehr selten auftritt. Eine zweite wichtige Komponente war der erhöhte Wasserstand in der Ostsee bereits vor dem Einsetzen der Oströmung. Schon Tage im Voraus lagen die Wasserstände in der Kieler und Lübecker Bucht 20 bis 50 cm und im Gebiet östlich von Rügen 20 bis 60 cm über dem mittleren Wasserstand. Der Füllungsgrad der gesamten Ostsee war zwischen 35 und 45 cm höher als normal. Ursache waren die Südwest- bis Westwetterlagen mit zeitweise stürmischen Winden (vor allem am 14. und 15. Oktober 2023), wodurch viel Wasser von der Nordsee in die Ostsee gedrückt wurde. Aufgrund dieser Vorgeschichte führte der Oststurm schließlich zu dem massiven Hochwasser. An der schleswig-holsteinischen und dänischen Küste handelte es sich um die schwerste Sturmflut seit über 100 Jahren. Strenggenommen spricht man von einer Sturmflut nur dann, wenn beide Faktoren, Flut und Wind, auftreten und daraus ein starker Anstieg des Wassers folgt. Da die Gezeiten im Bereich der Ostsee nur eine kleine Rolle spielen, der Wasserstand also vorwiegend von den Windverhältnissen geprägt wird, lautet die korrekte Bezeichnung „Sturmhochwasser“.

In Schleswig-Holstein lag der Wasserstand bei der Sturmflut im Oktober 2023 zum Teil mehr als zwei Meter über Normalmittelwasser (im Bild Schleswig am Ende der Ostseebucht Schlei). Die Folge waren Überschwemmungen ufernaher Gebiete und Stadtviertel. Außerdem kam es häufig zu Landverlusten.

Monatsthema

Mondregenbögen

Ein Regenbogen entsteht, wenn das Sonnenlicht auf Regentropfen trifft, durch Lichtbrechung in seine Spektralfarben zerlegt und durch Reflektion in einem Winkel von 42° (beim Hauptregenbogen) zum Sonnengegenpunkt zurückgeworfen wird. Doch nicht nur Sonnenlicht kann Regenbögen erzeugen, auch im Mondlicht kann man diese mit viel Glück beobachten. Visuell erscheint der Mondregenbogen allerdings oft weiß und ist aufgrund des 470.000-mal schwächeren Vollmondlichtes deutlich lichtschwächer als ein Regenbogen tagsüber. Zudem tritt er viel seltener auf, was verschiedene Ursachen hat.

Mondphasen

Mondlicht ist natürlich seltener vorhanden als das der Sonne. Nur der Vollmond ist die ganze Nacht über zu sehen, ansonsten geht der Mond bei zunehmender Phase vor Nachtbeginn und bei abnehmender Phase immer später in der Nacht auf. Bei weniger als Halbmond reicht das Licht in der Regel nicht mehr aus, um Mondregenbögen zu bilden. Claudia Hinz wertete 55 Beobachtungen von Mondregenbögen aus und kam zu dem Ergebnis, dass bei 57 Prozent aller aufgetretenen Mondregenbögen der Mond zu mehr als 90 Prozent beleuchtet war (Abb. 10.1). Der Rekordbogen mit einer Mondphase von nur 48 Prozent ist eine Augenbeobachtung aus Nordirland. Insofern bleiben kaum zwei Wochen Beobachtungszeit pro Monat, um einen Mondregenbogen zu entdecken. Zudem scheint der Mond nur in der vollen Phase die ganze Nacht über, davor und danach verkürzt sich die Zeit mit Mondlicht. Da der Vollmond der Sonne (fast) genau gegenübersteht und so die Mondhöhe im Jahresverlauf

Abb. 10.1: Dieser Mondregenbogen zeigte sich zwei Tage vor Vollmond am 22. Oktober 2018 im böhmischen Erzgebirge.

Abb. 10.2: In den Tagen um Vollmond ist der Zugang zu den Viktoria-Fällen an der Grenze von Sambia und Simbabwe in der Nacht möglich. Dann lässt sich der Mondregenbogen in der Gischt fotografieren.

das umgekehrte Verhalten wie die Sonnenhöhe zeigt, kommt im Winter erschwerend hinzu, dass die Mondhöhe mehr als 40° erreicht. Dann lässt sich zumindest in der Ebene, das heißt, ohne die Möglichkeit Regentropfen wie von einem Berg aus unter dem Horizont sehen zu können, mehrere Stunden lang kein Mondregenbogen beobachten.

Farbwahrnehmung

Wie das Sprichwort „Nachts sind alle Katzen grau" sagt, hat das menschliche Auge bei geringer Lichtintensität Probleme, Farben zu erkennen. Die Zäpfchen, die für das Farbsehen verantwortlich sind, funktionieren nur bei starkem Lichteinfall und übernehmen das Tagsehen. In der fortgeschrittenen Dämmerung oder bei Nacht werden dann zunehmend die Stäbchen aktiv, die um ein Vielfaches lichtempfindlicher sind als die Zäpfchen. Allerdings können die Stäbchen keine unterschiedlichen Wellenlängen detektieren und sind deshalb für das Farbsehen ungeeignet. Nur bei sehr hellem Mondlicht und ausreichend vom Mond beschienenen Regentropfen kann ein Mondregenbogen schwach farbig wahrgenommen werden. Kameraobjektive haben das Problem der fehlenden Farbwahrnehmung nicht, deshalb werden Fotos von Mondregenbögen, aber auch von Mondhalos und Polarlichtern immer farbig (Abb. 10.2). Das führt häufig dazu, dass Beobachter, die nur die farbigen Fotos kennen, bei ihrer ersten eigenen Beobachtung enttäuscht sind.

Abb. 10.3: Mondregenbogen nach einem Gewitter in der nordenglischen Grafschaft Northumberland.

Mondhöhe und Wetterlagen

Neben der Mondphase hat auch die Mondhöhe einen Einfluss auf die Helligkeit des Mondes, denn flach einfallendes Mondlicht hat einen längeren Weg durch die Atmosphäre und wird dadurch stärker abgeschwächt. Statistisch ergibt sich eine deutliche Häufung des Mondregenbogens bei 20 bis 30° Mondhöhe, denn dann fällt das Mondlicht nicht mehr so flach ein, dass es von der Atmosphäre zu stark getrübt wird, aber der Regenbogen steht noch hoch genug, um gut gesehen werden zu können.

Ein Regenbogen tritt immer dann auf, wenn es mit der Lichtquelle im Rücken vor dem Beobachter regnet. Dies ist vor allem bei Regenschauern der Fall. Im Normalfall entstehen Regenschauer durch Konvektion, also wenn sich der Boden durch Sonneneinstrahlung erwärmt, Warmluftblasen aufsteigen, die sich irgendwann soweit abkühlen, dass die Luft mit Wasserdampf gesättigt ist und zu Wassertröpfchen kondensiert. Wenn am Abend die Sonne untergeht, fallen die Schauer daher oft in sich zusammen. Bei Gewittern sind die Erfolgsaussichten größer, denn sie bilden häufig Cluster mit einer längeren Überlebensdauer bis in die Nacht hinein (Abb. 10.3). Dennoch sind die Chancen, dass bei einem Schauer gleichzeitig der Mond scheint, weitaus geringer als für Sonnenschein tagsüber. Im Gegensatz zu den Sonnenregenbögen, die im Frühjahr ihr Maximum haben, treten Mondregenbögen viel häufiger bei sommerlichen Gewitterlagen auf. Das Hauptmaximum liegt allerdings im Oktober. Das könnte damit zusammenhängen, dass dann alle optimalen Bedingungen zusammenkommen. Es gibt letzte Schauer und Gewitterlagen sowie erste herbstliche Kaltfrontdurchgänge mit schmalen Niederschlagslinien. Die Nächte werden zudem wieder länger, die Luft klarer und auch die Mondhöhe vor Mitternacht bleibt gering genug. Eine zufällige Beobachtung von Mondregenbögen ist zwar eine große Seltenheit, wenn man aber die Bedingungen kennt und gezielt danach sucht, kann man häufiger fündig werden.

Der Monsunregen und das Schmelzwasser aus den Gebirgen lassen den Wasserstand des Mekong ab Mai so stark ansteigen, dass sich die Fließrichtung des Tonle Sap umkehrt. Er speist dann den gleichnamigen See in der Mitte Kambodschas, der sich im Verlauf der Regenzeit um das Fünffache auf 12.000 Quadratkilometer ausdehnt. Die Fischerdörfer in den Überschwemmungsgebieten bestehen deshalb aus Pfahlbauten. Zum Ende der Regenzeit im November dreht sich die Fließrichtung des Tonle Sap wieder um. An seiner Mündung in den Mekong in Phnom Penh findet dann das dreitägige Bon Om Touk („Wasserfest") statt. Zum wichtigsten Fest Kambodschas kommen Millionen Besucher, die unter anderem Wetten darauf abschließen, welches der gut 400 prachtvollen Drachenboote die Regatta auf dem Tonle Sap gewinnt.

Wetter und Natur

Erholungsphase im Great Barrier Reef

Im Great Barrier Reef vor der Nordostküste Australiens gab es in den letzten Jahrzehnten insgesamt sechs großflächige Korallenbleichen (1998, 2002, 2016, 2017, 2020 und 2022). Bei zu hohen Wassertemperaturen stoßen die Korallen die Algen ab, mit denen sie sonst zusammenleben, und verlieren dadurch ihre Farbe. Gebleichte Korallen leben aber noch und können sich zumindest teilweise wieder erholen. So stieg in der nördlichen Region des Great Barrier Reefs die Korallenbedeckung seit 2017 von 13 auf 36 Prozent und in der zentralen Region von 12 auf 33 Prozent. Das sind die höchsten Werte, die dort seit Beginn der Überwachung im Jahr 1985 gemessen wurden. Auch die Korallenbleichen in den Jahren 2020 und 2022 wurden schnell überwunden. Nur in der südlichen Region des Great Barrier Reefs sank die Bedeckung leicht auf 34 Prozent. Hier kam es zu Ausbrüchen von korallenfressenden Dornenkronen-Seesternen. Für das unerwartet starke Korallenwachstum waren jedoch vor allem die schnell wachsenden Acropora-Korallen verantwortlich. Sie sind wegen ihrer langen, verzweigten Wuchsform besonders anfällig für Wellen, das heißt, ein einziger tropischer Wirbelsturm kann sie wieder zerstören. Außerdem sind die Wassertemperaturen in der Region um 1,5 Grad gestiegen, so dass die Wahrscheinlichkeit für erneute Korallenbleichen hoch bleibt.

Das Great Barrier Reef besteht aus mehr als 2900 einzelnen Korallenriffen und erstreckt sich über eine Länge von über 2300 Kilometern.

November in Phnom Penh

Die kambodschanische Hauptstadt Phnom Penh (11° 33' N, 104° 55' O) hat ihren Namen vom Wat Phnom Daun Penh („Hügeltempel der alten Frau Penh"), der im Jahr 1372 auf einem künstlichen 27 Meter hohen Hügel errichtet wurde, um fünf Statuen des Buddha aufzunehmen. Das Klima wird in Phnom Penh geprägt von den Gegensätzen zwischen Regen- und Trockenzeit. Vor allem im ersten Novemberdrittel gibt es bevorzugt an den Nachmittagen noch tropische Regengüsse. Dann können innerhalb kurzer Zeit die Straßen überflutet sein. Ansonsten startet im November die kühle Trockenzeit, wobei „kühl" nicht an mitteleuropäischen Maßstäben zu messen ist. Die Höchstwerte erreichen immer noch oft über 30 °C, aber die Schwüle nimmt ab und in den Nächten sinken die Temperaturen teils unter 20 °C. Der heiße Teil der Trockenzeit folgt im März und April mit Höchstwerten von 35 bis 40 °C, bevor die Zeit der Monsunschauer beginnt.

Wetterwissen

Smog in Indien

Nach dem Ende der Regenzeit kommt es in weiten Teilen von Indien jedes Jahr zu einem starken Anstieg der Luftverschmutzung. Dann flaut der Wind ab und es fehlt der Regen, der zumindest größere Staubpartikel bindet. Besonders betroffen ist oft die Region um die Hauptstadt Neu-Delhi. In den umliegenden Bundesstaaten werden auf den Feldern verbotenerweise Erntereste verbrannt, um schnell und kostengünstig wieder anbau en zu können. Dazu kommen die Abgase von Autos, der Industrie und Staub von Baustellen und Müllverbrennungen. Im November wird außerdem das hinduistische Lichterfest Diwali gefeiert, zu dem Millionen Öllampen und Kerzen angezündet werden. Auch Knallkörper und Feuerwerk gehören dazu. In den vergangenen Jahren gab es bereits einige Maßnahmen wie die Straßen mit Wasser zu besprühen und abwechselnd Fahrverbote für Fahrzeuge mit ungeraden und geraden Nummernschildern anzuordnen. 2018 wurden sogar zwei „Smogtürme“ gebaut, die als riesige Luftreiniger fungieren sollen. Eingesetzt werden auch zahlreiche Anti-Smogkanonen, die Wassernebel in die Luft sprühen, mit dem Ziel, schädliche Luftpartikel zu binden. Neu sind Versuche durch Wolkenimpfung mit Silberjodid künstlichen Regen zu erzeugen, ein Verfahren, das unter Laborbedingungen funktioniert, aber in der Praxis bisher noch nicht bestätigt werden konnte.

Auf dem Satellitenbild vom 8. November 2017 ist die riesige Dunstglocke über Nordindien deutlich zu sehen. Die Smogsaison beginnt dort meist in der zweiten Oktoberhälfte oder Anfang November.

Typische Wetterlagen im November

Süd, Südwest: Im Westen und Norden teilweise bewölkt mit etwas Regen, nach Osten und Süden hin Wechsel zwischen Sonne und Wolkenfeldern. Sehr mild bei 11 bis 17 °C (in der zweiten Monatshälfte etwas kühler). Am Nordrand von Alpen und Erzgebirge bei Föhn um 20 °C.

West, Nordwest, Tiefdrucklage über Mitteleuropa: Wechselhaftes Wetter. Immer wieder Durchzug von Regengebieten mit zeitweise starkem Wind (besonders in Norddeutschland), dazwischen sonnige Phasen. Wechsel zwischen kalter Meeresluft mit Temperaturen von 3 bis 8 °C und erwärmter Meeresluft mit 7 bis 12 °C. In kalter Meeresluft lokale Gewitter in Küstennähe und Schneefall bis in Höhen von ca. 900 m (Monatsanfang) bzw. ca. 400 m (Monatsende).

Nord, Nordost: Winterliches Wetter mit erstem Schneefall auch in tiefen Lagen, ab der Monatsmitte Bildung einer Schneedecke möglich. In trocken-kalter Luft auch zeitweise sonnig und nur geringe Nebelneigung. Sehr kalt bei -3 bis 4 °C (in Küstennähe etwas milder), gegen Monatsende Dauerfrost zwischen -6 und 0 °C. In klaren Nächten örtlich Frost unter -10 °C.

Ost, Südost, Hochdrucklage über Mitteleuropa: Im Flachland häufig typisches Novemberwetter, das heißt Hochnebel und kalt bei -1 bis 6 °C, nur am Monatsanfang bei Sonnenschein bis 12 °C. In den Mittelgebirgen und Alpen dagegen sonnig bei tiefblauem Himmel und guter Fernsicht, einzelne hohe Wolkenfelder. In 700 bis 1500 m mit 4 bis 12 °C wärmer als im Flachland.

Am 21. November 2022 zeigte sich am Hohenstaufen (684 m) zwischen Göppingen und Schwäbisch Gmünd zum Sonnenuntergang noch kurz die Sonne. Zuvor brachte eine Warmfront etwas Regen.

1 Fr Allerheiligen	Frankfurt/M. (Min./Max. 1993-2022): im Mittel 5,4°C / 12,6°C Extremwerte: -5,0°C (2012) / 22,6°C (2020)	Sonne: 7:10 – 16:56 Mond: A 7:09 – U 16:33 ●
Tag °C		
Nacht °C		
2 Sa	Stuttgart (Min./Max. 1993-2022): im Mittel 3,8°C / 13,1°C Extremwerte: -5,0°C (1997) / 22,7°C (2022)	Sonne: 7:11 – 16:54 Mond: A 8:21 – U 16:52
Tag °C		
Nacht °C		
3 So	Augsburg (Min./Max. 1993-2022): im Mittel 3,1°C / 11,4°C Extremwerte: -7,8°C (2003) / 23,5°C (2022)	Sonne: 7:13 – 16:52 Mond: A 9:35 – U 17:17
Tag °C		
Nacht °C		

Felswand mit Rätseln

Der Segel- oder Parusfelsen an der russischen Schwarzmeerküste ragt über 25 Meter hoch aus dem Wasser, ist aber nur einen Meter breit. Er wurde durch die Erosionskräfte von Wind und Wellen geformt. Rätselhaft ist die etwa 2,50 Meter breite Öffnung im unteren Bereich, die wie ein Fenster aussieht. Der Beschuss während des russisch-türkischen Krieges im späten 17. Jahrhundert wird als Ursache ausgeschlossen.

Später Hurrikan

Am 10. November 2022 traf der Hurrikan „Nicole“ mit mittleren Windgeschwindigkeiten von 120 km/h bei Vero Beach auf den US-Bundesstaat Florida. Damit war „Nicole“ einer der wenigen Hurrikane, die im November das US-amerikanische Festland erreichten. Der Hurrikan verursachte von Florida bis North Carolina eine schwere Sturmflut, obwohl zu diesem Zeitpunkt eigentlich Ebbe herrschte. Auf dem Atlantik rund 220 km vor Cape Canaveral wurde eine etwa 10 Meter hohe Welle registriert. Die Regenmengen von 100 bis 150 mm hielten sich im Vergleich zu anderen tropischen Wirbelstürmen in Grenzen, sorgten aber dennoch zum Teil für Überflutungen.

Mehrere Strandhäuser wurden von den hohen Wellen so stark unterspült, dass sie einstürzten.

4 Mo
Hamburg (Min./Max. 1993-2022): im Mittel 4,4°C / 9,9°C
Extremwerte: -5,9°C (2016) / 17,2°C (2015)
Sonne: 7:15 – 16:51
Mond: A 10:47 – U 17:52
Tag °C
Nacht °C

5 Di
Berlin (Min./Max. 1993-2022): im Mittel 4,4°C / 10,0°C
Extremwerte: -4,5°C (1995) / 17,7°C (2015)
Sonne: 7:16 – 16:49
Mond: A 11:51 – U 18:40
Tag °C
Nacht °C

6 Mi
Düsseldorf (Min./Max. 1993-2022): im Mittel 5,3°C / 11,8°C
Extremwerte: -6,7°C (1995) / 20,1°C (2018)
Sonne: 7:18 – 16:48
Mond: A 12:43 – U 19:43
Tag °C
Nacht °C

7 Do
Erfurt (Min./Max. 1993-2022): im Mittel 3,3°C / 9,1°C
Extremwerte: -6,1°C (2001) / 18,6°C (2015)
Sonne: 7:20 – 16:46
Mond: A 13:23 – U 20:58
Tag °C
Nacht °C

8 Fr
Frankfurt/M. (Min./Max. 1993-2022): im Mittel 4,5°C / 10,9°C
Extremwerte: -6,1°C (1995) / 19,1°C (2015)
Sonne: 7:21 – 16:45
Mond: A 13:52 – U 22:20
Tag °C
Nacht °C

9 Sa
Stuttgart (Min./Max. 1993-2022): im Mittel 3,0°C / 10,7°C
Extremwerte: -6,0°C (1995) / 20,5°C (2015)
Sonne: 7:23 – 16:43
Mond: A 14:14 – U 23:44
Tag °C
Nacht °C

10 So
Augsburg (Min./Max. 1993-2022): im Mittel 2,1°C / 9,6°C
Extremwerte: -7,3°C (1995) / 19,7°C (1996)
Sonne: 7:25 – 16:42
Mond: A 14:31 – U --
Tag °C
Nacht °C

11 Mo
Hamburg (Min./Max. 1993-2022): im Mittel 3,4°C / 8,7°C
Extremwerte: -5,7°C (1999) / 16,6°C (2008)
Sonne: 7:26 – 16:40
Mond: U 1:08 – A 14:46
Tag °C
Nacht °C

12 Di
Berlin (Min./Max. 1993-2022): im Mittel 3,0°C / 8,4°C
Extremwerte: -6,4°C (2016) / 18,5°C (2010)
Sonne: 7:28 – 16:39
Mond: U 2:33 – A 15:01
Tag °C
Nacht °C

13 Mi
Düsseldorf (Min./Max. 1993-2022): im Mittel 4,2°C / 10,2°C
Extremwerte: -5,3°C (1999) / 18,9°C (1995)
Sonne: 7:30 – 16:37
Mond: U 4:00 – A 15:16
Tag °C
Nacht °C

14 Do
Erfurt (Min./Max. 1993-2022): im Mittel 1,8°C / 7,4°C
Extremwerte: -8,0°C (1999) / 19,6°C (2018)
Sonne: 7:31 – 16:36
Mond: U 5:29 – A 15:33
Tag °C
Nacht °C

15 Fr
Frankfurt/M. (Min./Max. 1993-2022): im Mittel 3,7°C / 9,1°C
Extremwerte: -4,5°C (2001) / 18,7°C (2010)
Sonne: 7:33 – 16:35
Mond: U 7:01 – A 15:56
○
Tag °C
Nacht °C

16 Sa
Stuttgart (Min./Max. 1993-2022): im Mittel 1,8°C / 8,6°C
Extremwerte: -6,2°C (2001) / 19,8°C (2015)
Sonne: 7:34 – 16:34
Mond: U 8:33 – A 16:27
Tag °C
Nacht °C

17 So
Volkstrauertag
Augsburg (Min./Max. 1993-2022): im Mittel 1,1°C / 7,3°C
Extremwerte: -8,9°C (2007) / 18,8°C (2010)
Sonne: 7:36 – 16:32
Mond: U 10:00 – A 17:10
Tag °C
Nacht °C

Dürre am Amazonas

Von Juli bis November 2023 wich die Niederschlagsverteilung in Südamerika stark von den üblichen Verhältnissen ab. Während es in der Südhälfte ungewöhnlich viel regnete, herrschte im Norden und Nordosten von Brasilien eine schwere Dürre. Wichtige Ursachen waren der warme Pazifik infolge des El Niño-Phänomens und auch der ungewöhnlich warme Nordatlantik. Die Zone mit tropischen Gewittern hatte sich länger als üblich vom Amazonas nach Norden verschoben. Dürreperioden kommen dort immer wieder vor, so wie zuvor in den Jahren 1912, 1925, 1983, 1987, 1998, 2010 und 2016, aber in den letzten Jahrzehnten wurden sie häufiger und intensiver.

Der Amazonas-Pegel sank zum Teil auf Rekord-Tiefststände mit großen Folgen für die Region.

Monatsthema

Klingende Äolsharfen

Oberirdische Telegrafen- und Stromleitungen alter Bauart werden immer seltener. Mit den typischen hölzernen Masten verschwindet auch ein akustisches Phänomen: Bei kräftigem Wind, oder wenn man sein Ohr an einen der Pfeiler hält, sind heulende, lang gezogene Töne zu hören, die mit der Windstärke auf- und abschwellen. Sie werden von den Drähten hervorgerufen, die im Wind zu Schwingungen angeregt werden können. Die Masten fungieren dabei als Resonanzkörper. Inzwischen bestehen die Freileitungen statt aus relativ dünnen Drähten aus dicken, isolierten Kabeln, die dafür weniger geeignet sind. Allenfalls Weidezäune aus einzelnen gespannten, zylindrischen Drähten bieten bei starkem Wind eine Chance auf ähnliche Töne. Mit der Elektrifizierung hat das Phänomen aber nichts zu tun; schon lange vorher wurden die vom Wind hervorgerufenen Klänge in der Natur wahrgenommen und man versuchte, sie mit Hilfe besonderer Vorrichtungen gewissermaßen einzufangen.

Wirbelstraßen und Eigenfrequenzen

Die Windharfen oder Äolsharfen (nach dem Windgott Aiolos) genannten Geräte waren bereits im Altertum bekannt. Während der Romantik im 19. Jahrhundert erlebte das

Abb. 11.1: Die zur Zeit größte Windharfe Europas steht im Rittersaal von Schloss Hohenbaden in Baden-Baden. Die 1999 installierte Harfe hat eine Höhe von 4,1 Meter und 120 Saiten.

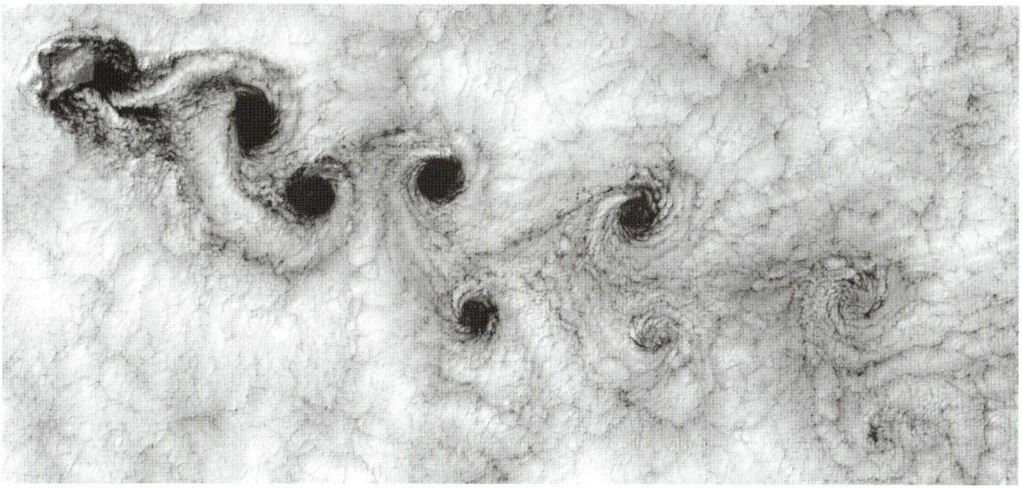

Abb. 11.2: Kármánsche Wirbel spielen nicht nur bei Äolsharfen eine Rolle, sondern auch in der Atmosphäre. Das Satellitenbild zeigt eine Kármánsche Wirbelstraße im Lee der vor der Küste Chiles gelegenen Juan-Fernández-Inseln (im Bild links oben).

Musikinstrument eine neue Blütezeit. Auch heute noch werden Äolsharfen gelegentlich als Kunstwerke geschaffen (Abb. 11.1). Das Funktionsprinzip blieb lange ein Rätsel, obwohl die Beobachter durchaus den Wind ursächlich mit dem Klang in Verbindung brachten. Arbeiten von Vincent Strouhal (1850 bis 1922) führten schließlich zu einer weitgehend korrekten Erklärung. Der tschechische Physiker stellte fest, dass ein von Luft umströmter zylindrischer Draht selbst dann Töne erzeugt, wenn er an der eigentlichen Schwingung gar nicht teilnimmt. Die jeweilige Tonhöhe beziehungsweise Frequenz erweist sich als unabhängig von Material, Länge und Spannung des Drahts. Sie ist lediglich proportional zur Windgeschwindigkeit und steht im umgekehrten Verhältnis zum Drahtdurchmesser. Zum Beispiel würde bei einem kräftigen Wind mit einer Windgeschwindigkeit von zehn Metern pro Sekunde (36 km/h) ein drei Millimeter dicker Draht einen Ton mit einer Frequenz von rund 670 Hertz abgeben.

Der Ton entsteht, indem sich die Luft vor dem im Strom stehenden zylindrischen Draht zunächst verdichtet. Anschließend erfolgt der Druckausgleich mit der verdünnten Luft hinter dem Hindernis, was infolge der Reibung an dessen Rändern nicht kontinuierlich, sondern ruckweise periodisch geschieht. Dabei lösen sich abwechselnd an der einen und anderen Seite des Zylindermantels Wirbel. Sie rotieren entgegengesetzt und erzeugen eine sogenannte Kármánsche Wirbelstraße (Abb. 11.2), benannt nach dem ungarischen Physiker Theodore von Kármán (1881 bis 1963). Nähert sich der Takt der Wirbelablösung einer der Eigenfrequenzen des Drahts, regt ihn das zum Mitschwingen an. Während die Masse, die Spannung und die Länge des Drahts für die Vorgänge bis hierhin keine Rolle gespielt haben, sind sie für die Eigenfrequenz entscheidend. Ihre Werte legen gemeinsam den Ton fest, wenn der Draht zum Beispiel durch Zupfen ausgelenkt wird. Stimmt nun die Eigenfrequenz des schwingenden Drahts ungefähr mit der

Abb. 11.3: Hochspannungsleitungen geben zwar Töne von sich, sind aber keine Äolsharfen.

Frequenz der Wirbelablösung überein, gerät er in Resonanz. Dabei schaukelt er sich zu einer großen Auslenkung auf und verstärkt den durch die Wirbel hervorgerufenen leisen Ton kräftig, macht ihn also weithin hörbar.

Der Lock-in-Effekt

Bemerkenswerterweise muss die Frequenz der Luftwirbelablösung nur in der Nähe der Eigenfrequenz liegen, um den Draht in Resonanz zu bringen. Normalerweise schwingt ein System genau mit der Frequenz, in der es angeregt wird. Doch im Fall der Äolsharfe rastet der vibrierende Draht gewissermaßen in die Eigenfrequenz ein. Ohne diesen sogenannten Lock-in-Effekt würde eine Äolsharfe nicht funktionieren, da die Windgeschwindigkeit nie völlig konstant ist. Das Instrument wäre also die meiste Zeit kaum zu hören. Innerhalb des Lock-in-Bereichs ist die Auslenkung des Drahts am größten, wenn er genau mit der Frequenz der Wirbelablösung schwingt, und sie nimmt mit zunehmender Abweichung davon ab. Darum schwankt die Lautstärke der jeweiligen äolischen Töne mit der Windgeschwindigkeit, und es entsteht der typische anschwellende und wieder verhallende Klang.

Übrigens haben die brummenden Töne, die teilweise unter Hochspannungsleitungen zu hören sind, mit dem Mechanismus der Eigenfrequenzen nichts zu tun (Abb. 11.3). Ihr Ursprung sind zwar auch schwingende Drähte, dazu führt allerdings nicht der Wind, sondern ein elektrodynamischer Vorgang. Jeder stromdurchflossene Leiter ist von einem Magnetfeld umgeben. Die Felder wirken so aufeinander, dass sich gleichartige abstoßen und unterschiedliche anziehen. Durch den Takt des Netzes geraten die parallel verlaufenden Seile in eine charakteristische 50-Hertz-Oszillation, die sich auf die Luft überträgt und so zu hören ist. Der Ton ist daher nicht nur wegen seines unangenehmen Brummens, sondern auch in physikalischer Hinsicht nicht mit dem Klang von Äolsharfen zu vergleichen.

Im Jahr 1911 entdeckte der Geologe Thomas Griffith Taylor in der Antarktis am später nach ihm benannten Taylor-Gletscher die sogenannten Blood Falls (Blutfälle). Es handelt sich dabei um extrem salzhaltiges, klares Wasser, das sporadisch durch kleine Risse aus dem Eis austritt und sich unterhalb der Austrittsstellen blutrot färbt. Bisher ging man davon aus, dass dieses Phänomen von im Wasser enthaltenen, aus dem Gestein gelösten Eisen verursacht wird. Neuere Untersuchungen zeigen aber, dass der eigentliche Grund Bakterien sind, die in dem urzeitlichen, eisen- und salzreichen Wasser unter dem Gletscher leben. Diese oxidieren beim Kontakt mit dem Luftsauerstoff und verleihen dem Wasser dadurch den blutähnlichen Anblick. Noch nicht abschließend geklärt ist, wie der Transport des Salzwassers in Mini-Kanälen im Gletschereis funktioniert.

Wetter und Natur

Ein spezieller Weihnachtsbaum

Die in Neuseeland unter ihrem Maorinamen bekannten Pohutukawa-Bäume wachsen in Gärten und Parks der gesamten Nordinsel und den nördlichen Regionen der Südinsel. Sie können hunderte Jahre alt werden und entwickeln weit ausladende Kronen. Ein besonders imposantes Exemplar steht in Te Araroa am östlichen Ende der Nordinsel und hat eine 38 Meter breite Krone und eine Höhe von 20 Metern. Das harte Pohutukawa-Holz war früher für den Schiffbau begehrt, so dass die Bestände stark dezimiert wurden. Heute hat der Pohutukawa vor allem eine Bedeutung als Weihnachtsbaum, weil er typischerweise zwischen Mitte Dezember und Mitte Januar von einer großen Anzahl roter Blüten übersät ist. Abhängig vom Standort können einzelne blühende Bäume aber noch bis Ende Februar gesichtet werden. Auch in Mitteleuropa ist der Baum nicht unbekannt und lässt sich als Kübelpflanze kultivieren. Die Bäume sind äußerst anpassungsfähig und wachsen in Wintergärten oder im Freien. Sie vertragen aber keinen Frost und müssen geschützt überwintern.

Die Blüten des Pohutukawa-Baums haben unzählige rote Borsten.

Allerdings passen die Pohutukawa ihren Biorhythmus an die Jahreszeiten der Nordhalbkugel an und ihr Einsatz als Weihnachtsbaum entfällt. Sie blühen aber auch hier reich im Sommer, wenn sie im Winter kühl gelagert werden.

Dezember in Arthur's Pass

Arthur's Pass (42° 56' S, 171° 34' O) ist ein Dorf in den Neuseeländischen Alpen auf der Südinsel von Neuseeland und liegt in einer Höhe von 730 m, etwa 5 km östlich des gleichnamigen 920 m hohen Passes. Parallel zur Straße verläuft auch die einzige Bahnlinie durch die Neuseeländischen Alpen, die die Passhöhe in einem Tunnel durchquert. Die Niederschlagsmengen sind ganzjährig sehr hoch mit einer mittleren Jahresmenge von rund 4500 mm. Der „Nor'wester" sorgt im Weststau der Berge und in Passnähe für ergiebigen Regen (und im Winter auch Schnee) und wird auf der Ostseite der Neuseeländischen Alpen zum trockenen Föhnwind. Im Dezember 2022 gab es nur selten solche Westwetterlagen und in Arthur's Pass fielen statt über 400 nur 130 mm Regen. Die mittleren Höchstwerte liegen im Frühsommermonat Dezember bei 17 °C, die Tiefstwerte bei 7 °C. Gelegentlich kommen auch Sommertage mit Temperaturen bis über 25 °C vor.

Wetterwissen

Ballonwetter

Gutes Ballonwetter erfordert ausreichende Sichtweiten von über 8 km und schließt damit Regen, Schneefall oder tiefe Wolken aus. Zum Start und zur Landung sollte die Windgeschwindigkeit 15 bis 20 km/h nicht überschreiten. Während der Ballonfahrt sind höhere Geschwindigkeiten willkommen, dann lässt sich eine größere Strecke zurücklegen. Die normale Fahrtzeit eines Heißluftballons beträgt etwa 60 bis 90 Minuten. Die verbleibende Gasreserve reicht dann mindestens für weitere 30 Minuten, so dass auch bei nachlassendem Wind immer noch ein sicherer Landeplatz erreicht werden kann. In den meisten Monaten des Jahres kann eine Ballonfahrt immer nur morgens zwei bis drei Stunden nach Sonnenaufgang oder entsprechend abends vor Sonnenuntergang stattfinden. Die von Vögeln und Segelfliegern gesuchte Thermik ist nämlich für die Ballonfahrt eine Gefahrenquelle. Die auf- und absteigenden Luftpakete, veranlassen den Ballon, unkontrolliert zu steigen oder zu fallen. Das Steigen ist zwar relativ unproblematisch (der Ballon wird mit der Thermikblase einfach hochgezogen), in absinkender Luft lässt sich der Ballon jedoch unter Umständen nicht sicher stabilisieren. Für Alpenüberquerungen eignen sich nur die thermikfreien Wintermonate. Manchmal dauert es lange, bis die passende Wetterlage eintritt, ein klarer Tag mit kräftigem Nordwind in der Höhe.

Die Montgolfiade am Tegernsee findet traditionell im Winter statt. Der Vorteil dieser Jahreszeit ist, dass, bedingt durch die schwache Sonneneinstrahlung, Ballonfahrten ganztägig möglich sind.

Schneelotterie

Bis Mitte des 19. Jahrhunderts erwarteten die Menschen noch keine weißen Weihnachten. Das änderte sich in den folgenden Jahrzehnten, aber auch in früheren Wintern war die weihnachtliche Schneelage zumindest im Tiefland sehr unzuverlässig. So gab es beispielsweise in den 1950er Jahren viele Jahre mit milden Weihnachtstagen. Ein absoluter Ausnahmefall waren die Jahre 1960 bis 1964 mit einer Serie von Weihnachtsfesten, die kalt und oft auch weiß waren. Die Wahrscheinlichkeit für Schnee zu den Festtagen nimmt zwar wegen steigender Dezembertemperaturen ab, einzelne Treffer sind aber immer noch möglich, wie zum Beispiel zu Weihnachten 2010.

Blizzard zu Weihnachten

Das Tief „Elliott" sorgte zu Weihnachten 2022 in weiten Teilen der USA für einen extremen Wintereinbruch. Arktische Luft strömte in Verbindung mit einem heftigem Schneesturm weit nach Süden. Innerhalb eines Tages sanken die Temperaturen zum Teil um mehr als 30 Grad, wie in Denver im US-Bundesstaat Colorado von 10 auf -25 °C.

23 Mo
Hamburg (Min./Max. 1993-2022): im Mittel 0,2°C / 4,9°C
Extremwerte: -14,0°C (2010) / 14,2°C (2015)
Sonne: 8:16 – 16:21
Mond: A 0:24 – U 12:20
Tag °C
Nacht °C

24 Di
Heiligabend
Berlin (Min./Max. 1993-2022): im Mittel 0,0°C / 4,4°C
Extremwerte: -15,8°C (1996) / 15,1°C (2015)
Sonne: 8:17 – 16:22
Mond: A 1:32 – U 12:31
Tag °C
Nacht °C

25 Mi
1. Weihnachtsfeiertag
Düsseldorf (Min./Max. 1993-2022): im Mittel 1,5°C / 6,5°C
Extremwerte: -13,2°C (1995) / 14,9°C (2015)
Sonne: 8:17 – 16:22
Mond: A 2:41 – U 12:44
Tag °C
Nacht °C

26 Do
2. Weihnachtsfeiertag
Erfurt (Min./Max. 1993-2022): im Mittel -1,3°C / 3,8°C
Extremwerte: -23,5°C (1996) / 14,5°C (2013)
Sonne: 8:17 – 16:23
Mond: A 3:52 – U 13:00
Tag °C
Nacht °C

27 Fr
Frankfurt/M. (Min./Max. 1993-2022): im Mittel 0,5°C / 5,5°C
Extremwerte: -16,9°C (1996) / 14,6°C (1997)
Sonne: 8:18 – 16:24
Mond: A 5:05 – U 13:21
Tag °C
Nacht °C

28 Sa
Stuttgart (Min./Max. 1993-2022): im Mittel -1,3°C / 5,2°C
Extremwerte: -18,5°C (2001) / 16,1°C (2012)
Sonne: 8:18 – 16:25
Mond: A 6:19 – U 13:49
Tag °C
Nacht °C

29 So
Augsburg (Min./Max. 1993-2022): im Mittel -2,4°C / 4,0°C
Extremwerte: -19,7°C (2001) / 14,9°C (2012)
Sonne: 8:18 – 16:26
Mond: A 7:30 – U 14:30
Tag °C
Nacht °C

30 Mo	Hamburg (Min./Max. 1993-2022): im Mittel -0,8°C / 4,1°C Extremwerte: -19,3°C (1997) / 15,4°C (2022)	Sonne: 8:18 – 16:27 Mond: A 8:32 – U 15:25 ●
Tag °C		
Nacht °C		

31 Di Silvester	Berlin (Min./Max. 1993-2022): im Mittel -1,6°C / 3,4°C Extremwerte: -17,9°C (1997) / 17,9°C (2022)	Sonne: 8:18 – 16:28 Mond: A 9:21 – U 16:35
Tag °C		
Nacht °C		

Erste Mandelblüte

Die Zeit der Mandelblüte dauert auf Mallorca meist von Ende Januar bis etwa Mitte März. Im milden Dezember 2022 zeigten sich erste Blüten schon deutlich früher. Das Bild unten entstand am 7. Dezember nahe der Cala Mesquida im Osten Mallorcas.

Monatsthema

Wolken auf dem Mars

Etwa alle zwei Jahre kommt der Planet Mars der Erde besonders nahe; auch zum Jahreswechsel 2024/2025 ist er wieder gut am Nachthimmel zu sehen. Von allen Planeten im Sonnensystem ähnelt er der Erde trotz seiner lebensfeindlichen Bedingungen am meisten. Beispielsweise sind seine Rotationsdauer von 24 Stunden 37 Minuten und die Neigung seiner Rotationsachse von 25,19 Grad mit den entsprechenden Werten auf der Erde vergleichbar, so dass sich die Tageslänge kaum unterscheidet und auch ein Wechsel der Jahreszeiten stattfindet. Nicht nur die Landschaft erinnert oft auf verblüffende Weise an trockene Gebiete auf der Erde. Auch am Himmel finden sich vertraute Bilder wie durchziehende Wolken in unterschiedlichen Erscheinungsformen.

Große Wolkenvielfalt

Dass es auf dem Mars Wolken gibt, ist schon lange bekannt. Allerdings lieferten erst die Sonden im Orbit und auf der Oberfläche des Planeten hochaufgelöste Bilder, die es ermöglichten, die unterschiedlichen Wolkentypen genauer zu erkennen. Die Bandbreite reicht dabei von Wolken, die im Zusammenhang mit Wetterereignissen stehen, über orographische bis hin zu nachtleuchtenden Wolken. Aufgrund der geringen Dichte der Marsatmosphäre existieren nur Eiswolken, die sowohl aus Wasser-, als auch aus Kohlendioxideis bestehen können. Die meisten Marswolken befinden sich unterhalb einer Höhe von 60 Kilometern, lediglich Kohlendioxidwolken erreichen Höhen von bis zu 80 Kilometern.

Neben den häufig vorkommenden faserigen Cirren (Abb. 12.1), gibt es auch breitere Wolkenstreifen, spiralförmige Wolken und ausgedehnte Wolkendecken. Außerdem können bei stabiler Luftschichtung an der windabgewandten Seite von Bergen und Kraterrändern wellenförmige Leewolken auftreten (Abb. 12.2). Eine Besonderheit bildet der Vulkan Arsia Mons, der etwas südlich des Äquators liegt. Dort tritt in jedem Frühjahr und

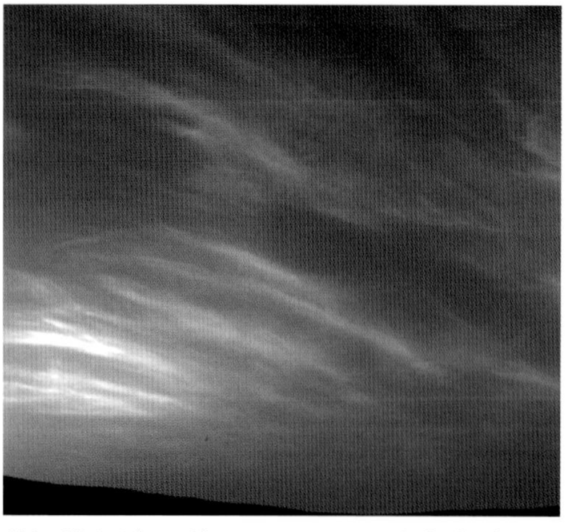

Abb. 12.1: Diese Cirren aus Wassereis befinden sich in etwa 30 Kilometer Höhe.

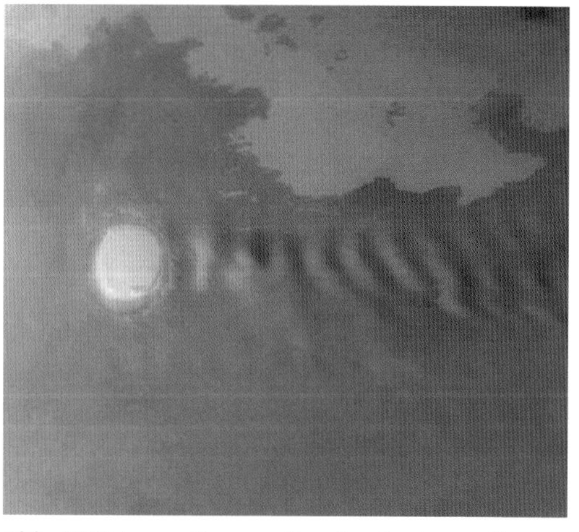

Abb. 12.2: Leewellen am Korolev-Krater, aufgenommen vom Mars Global Surveyor Orbiter.

Abb. 12.3: Die regelmäßig erscheinende Wolke am Vulkan Arsia Mons ist einzigartig (siehe Text).

Sommer regelmäßig zu bestimmten Zeiten ein Phänomen auf, dessen Ursache noch nicht abschließend geklärt ist: Täglich vor Sonnenaufgang entsteht am Westhang des Vulkans eine Wolke, die sich zweieinhalb Stunden lang nach Westen ausdehnt und dabei eine Länge von über 1000 Kilometern erreicht (Abb. 12.3). Dann entfernt sie sich von ihrem ursprünglichen Standort und bewegt sich westwärts, bis sie sich aufgrund steigender Temperaturen am späten Vormittag auflöst.

Wolken aus Kohlendioxid, dem Hauptbestandteil der Marsatmosphäre, bilden sich bei den Druckverhältnissen auf dem Mars erst bei Temperaturen unter -130 °C. Deshalb befinden sie sich außerhalb der Polargebiete meist in Höhen zwischen 60 und 80 Kilometern. Wie auf der Erde können derart hohe Wolken noch nach Sonnenunter- bzw. vor Sonnenaufgang als sogenannte nachtleuchtende Wolken in Erscheinung treten. Dabei wird das Licht der knapp unter dem Horizont stehenden Sonne reflektiert. Sind die Eiskristalle sehr klein, kann es zu Beugungseffekten kommen, so dass die Wolke in verschiedenen Farben leuchtet, sie irisiert (Abb. 12.4). Es gibt auch Kohlendioxidwolken mit großen Eispartikeln, die sehr ausgedehnt und so dicht sind, dass sie Schatten werfen und die Sonneneinstrahlung auf die Oberfläche deutlich vermindern.

Entstehung der Wolken

Trotz des vertrauten Erscheinungsbildes gibt es bei der Wolkenbildung auf dem Mars auch Unterschiede zur Entstehung von irdischen

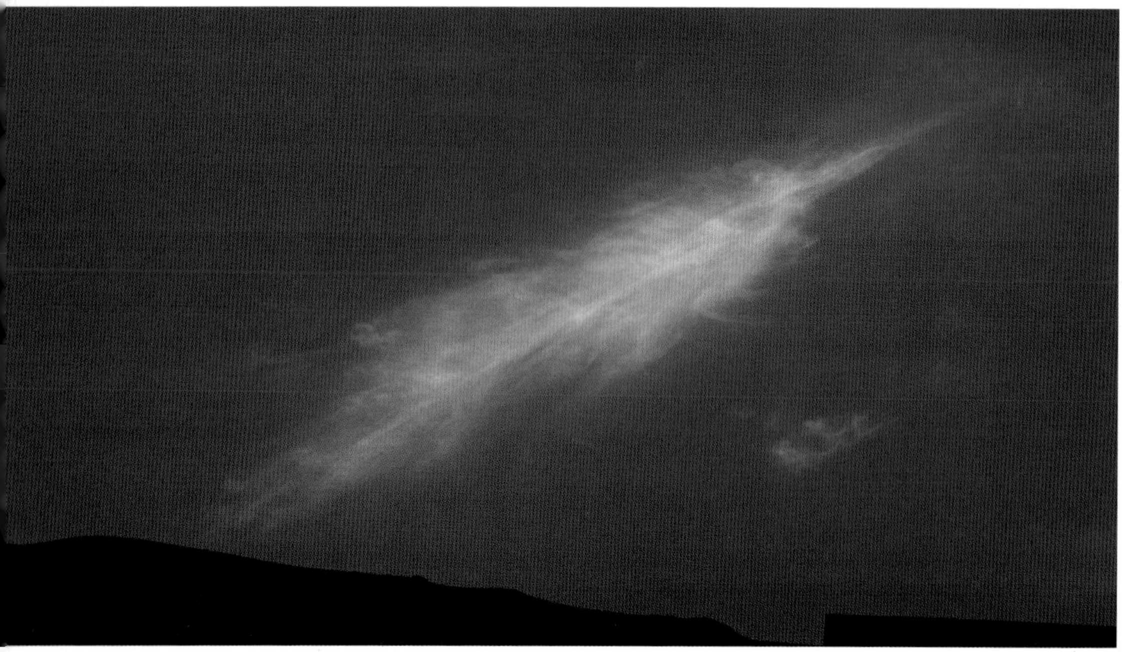

Abb. 12.4: Der Mars-Rover Curiosity nahm kurz nach Sonnenuntergang dieses Bild einer irisierenden, nachtleuchtenden Wolke auf. Sie dürfte aufgrund ihrer Höhe aus Kohlendioxideis bestehen.

Wolken. Da an der Oberfläche kein flüssiges Wasser zur Verfügung steht und der Wasserdampfanteil in der Atmosphäre extrem niedrig ist, dient vor allem das Wassereis der Polkappen als Quelle. Dieses liegt im Winter unter einer Schicht gefrorenen Kohlendioxids, die im Frühjahr zu sublimieren beginnt. Mit zunehmender Sonneneinstrahlung entstehen auch mehr Stürme, die sowohl Staub als auch Wasserdampf in die Atmosphäre transportieren. Bei ausreichend kühlen Temperaturen kommt es dann zur Wolkenbildung. Da die Stürme im Herbst aber wieder abebben, gibt es im Frühjahr und im Sommer mehr Wolken als im Winterhalbjahr. Außerdem ist die Südhalbkugel wolkenärmer als die nördliche Hemisphäre, weil dort aufgrund des geringeren Wasservorkommens der südlichen Polkappe weniger Wasserdampf vorhanden ist. Ansonsten spielen wie auf der Erde dynamische Prozesse in der Atmosphäre sowie Hebungen an Hindernissen eine Rolle. Auch wenn der Kohlendioxidanteil der Atmosphäre rund 95 Prozent beträgt, wurden bisher häufiger Wassereiswolken beobachtet. Vermutlich sind Kohlendioxidwolken aufgrund des niedrigeren Gefrierpunkts seltener als Wasserwolken. Dennoch wurden vor allem in Äquatornähe Kohlendioxidwolken in großer Höhe gesichtet. Es scheint so, als ob die Bedingungen dafür besonders günstig sind, wenn sich der Mars am sonnenfernsten Punkt seiner Bahn aufhält. Lange herrschte Unklarheit über die Kondensationskeime in diesen Höhen. Inzwischen vermutet man, dass dabei Meteoritenstaub eine Rolle spielen könnte. Auch sonst besteht noch einiger Forschungsbedarf über die Zusammenhänge der Wolkenentstehung und -entwicklung.

Service

Pollenflug ... 162
Biowetter ... 163
UV-Index ... 164
Jahreszeiten in der Natur ... 166
Infos und Tipps ... 167
Symbole und Begriffe ... 168
Windstärken ... 169
Klimatabellen ... 170
Sonnenauf- und Untergang ... 172

Register ... 174

Pollenflug

Nicht jeder freut sich auf die warme Jahreszeit, denn mit den wärmeren Tagen beginnt auch die Pollenflugsaison und immer mehr Menschen reagieren allergisch auf die Pollen von windblütigen Pflanzen (vor allem von Bäumen und Gräsern). Genau genommen sind es nicht die Pollen selbst, sondern Eiweiße auf der Oberfläche der Pollen, die eine Überreaktion des Immunsystems auslösen können. Eine zusätzliche Gefahr bringt die derzeitige Ausbreitung der Ambrosie (Traubenkraut), denn ihre Pollen zählen zu den stärksten Allergieauslösern.

Der Pollenflugkalender zeigt im Überblick, wann mit welchen Blütephasen zu rechnen ist. Angegeben sind die mittleren Blütezeiten für das Flachland bei durchschnittlichem Witterungsverlauf. Lang andauernde warme oder kalte Witterungsperioden können im Extremfall zu Verschiebungen von mehreren Wochen führen. Pollenallergiker können versuchen, sich den Einflüssen der betreffenden Pflanzen möglichst wenig auszusetzen. Die wichtigsten Auslöser für Pollenallergien sind:

Baumpollen:

- Hasel und Erle (Februar bis März)
- Birke und Esche (April bis Mai)

Gras- und Getreidepollen:

- Gräser und Roggen (Mai bis August)

Kräuterpollen:

- Beifuß, Ambrosie (Traubenkraut) (Juli bis September)

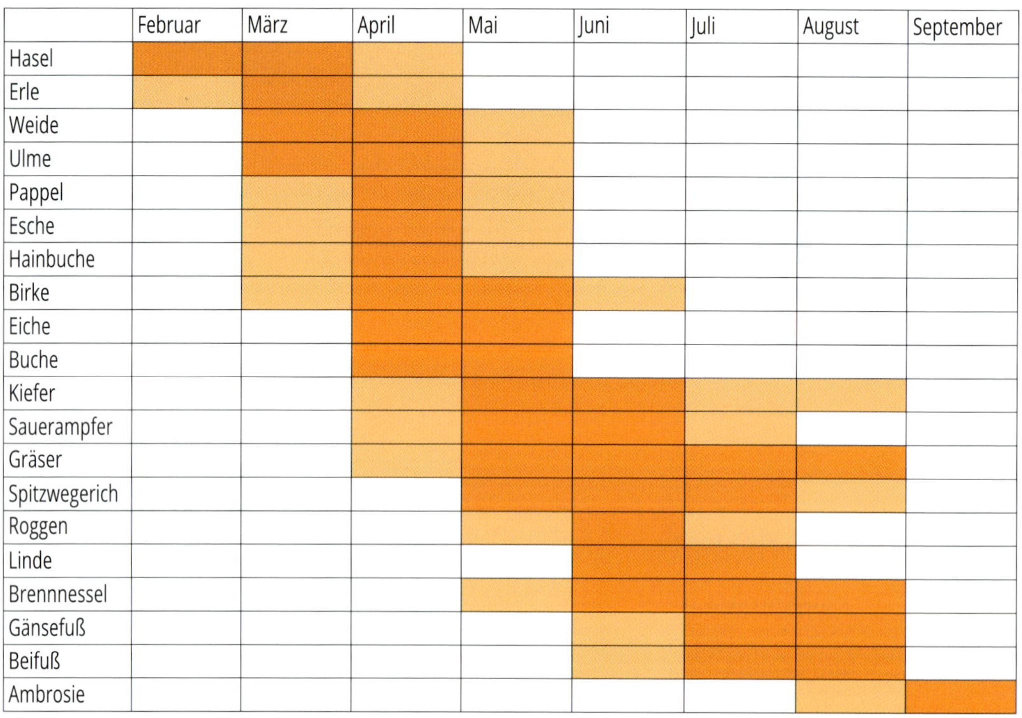

Die Farben bedeuten: Hauptblüte, Vor- oder Nachblüte.

Biowetter

Bei bestimmten Wetterphasen treten typische Beschwerden gehäuft auf. Andererseits gibt es auch Wetterphasen mit günstigem Einfluss auf den Organismus. Grundsätzlich gilt für diese sogenannten biotropen Wetterphasen: Das Wetter kann Beschwerden abschwächen oder verschlimmern, ist aber nicht die eigentliche Ursache für Erkrankungen.

Die fünf biotropen Wetterphasen

Hochdruckwetter: im Winterhalbjahr teils neblig, teils sonnig und kalt; im Sommerhalbjahr sonnig und meist angenehm warm.
Abziehendes Hoch mit Wind aus südlichen Richtungen: im Winterhalbjahr bodennahe Kaltluftreste, sonst mild, an den Alpen föhnig; im Sommer warm, lokale Wärmegewitter.
Warmluftzufuhr vor einem heranziehenden Tiefdruckgebiet: im Winterhalbjahr mild und vor allem in Norddeutschland regnerisch bei aufkommendem westlichen Wind; im Sommerhalbjahr feucht-warm und gewittrig.
Kaltluftzufuhr, eingeleitet von einer Kaltfront aus westlichen Richtungen: zu allen Jahreszeiten zuerst Regen und Abkühlung, dann wechselhaft mit Schauern.
Wetterberuhigung: im Winterhalbjahr Wolkenauflösung und besonders nachts weiterer Temperaturrückgang; im Sommerhalbjahr tagsüber zeitweise viele Quellwolken und kühl, nachts klar.

	Hochdruckwetter	abziehendes Hoch	Warmluftzufuhr	Kaltluftzufuhr	Wetterberuhigung
Befindensstörungen		belastend	belastend		
Blutdruck zu niedrig		belastend	belastend	günstig	günstig
Blutungen		belastend	belastend		
Nervosität		belastend	belastend		
Schlafstörung	günstig	belastend	belastend		günstig
Kopfschmerz		belastend	belastend	belastend	
Krämpfe		belastend		belastend	
Depression			belastend		
Embolie			belastend		
Entzündungen			belastend		
Migräne			belastend		
Thrombose			belastend		
Unfallrisiko			belastend		
Herzinfarkt	günstig		belastend	belastend	günstig
Phantomschmerz			belastend	belastend	
Angina pectoris	günstig			belastend	
Blutdruck erhöht			günstig	belastend	
Diabetes				belastend	
Koliken				belastend	
Rheuma/Arthritis				belastend	

Die Farben bedeuten: Wetterphasen mit ■ günstigem Einfluss, mit ■ belastendem Einfluss.

Jahreszeiten in der Natur

Die Eintrittstermine von Blüte, Reife oder Laubfall teilen das Jahr in zehn natürliche Jahreszeiten. Wegen der unterschiedlichen Witterungsverhältnisse schwanken die Eintrittstermine von Jahr zu Jahr um zwei bis drei Wochen.

Jahreszeit	Signalpflanzen	Landwirtschaft	Zeitraum (Flachland-Mittelwerte)
Vorfrühling	Schneeglöckchen- und Krokusblüte; Haselkätzchen stäuben; Huflattichblüte	Wachstumsbeginn bei Gras	Mitte Februar bis Mitte März
Erstfrühling	Forsythienblüte; Löwenzahn- und Himmelschlüsselblüte; Kirschblüte; Ende mit Blattentfaltung von Rotbuche, Linde, Ahorn	Aussaat von Sommergetreide, Sonnenblumen, Mais, Rüben	Ende März bis Ende April
Vollfrühling	Apfel- und Fliederblüte; Rosskastanienblüte; Blüte der Eberesche; Beginn des Maitriebs von Fichten	Blüte von Winterraps; Aufgehen der Kartoffeln; Wachstumsbeginn bei Mais	bis Mitte Mai
Frühsommer	Holunderblüte; Blühen der Gräser, Heckenrose und Robinie; Ende, wenn die ersten Süßkirschen reifen	erste Heuernte; Ährenbildung bei Winterweizen und Winterroggen	Ende Mai bis Ende Juni
Hochsommer	Lindenblüte; Johannis- und Stachelbeeren reifen	Sonnenblumenblüte; Beginn der Getreideernte	Juli
Spätsommer	rote Beeren an den Ebereschen; Reife der Frühzwetschgen; gegen Ende Herbstzeitlosenblüte	Grummeternte (zweites Heu); Ende der Getreideernte	bis Mitte August
Frühherbst	Schwarzer Holunder ist reif; Birnen sind reif; Ende mit Reife der Hauszwetschgen	Aussaat von Winterraps; Beginn der Maisernte	Ende August, erste Septemberhälfte
Vollherbst	Rosskastanien fallen vom Baum; Eicheln und Walnüsse reifen; in der zweiten Hälfte Laubfärbung, Blattfall bei Obstbäumen und Ahorn	Weinlese; Aussaat von Wintergerste und Winterroggen; gegen Ende Rübenernte	zweite Septemberhälfte bis Mitte Oktober
Spätherbst	Allgemeiner Laubfall	Winterweizenaussaat	Ende Oktober bis Mitte November
Winter	Ende des Laubfalles bis Beginn der Schneeglöckchenblüte	Aufgang des Wintergetreides	Ende November bis erste Februarhälfte

Infos und Tipps

Wetterinformationen

Im **Internet** gibt es eine Fülle von Wettervorhersagen, Wetterkarten und weiterführenden Informationen zu den Themen im Wetterjahr. Unter www.wetterjahr.de finden Sie eine Zusammenstellung empfehlenswerter Internetadressen und zusätzliche Hinweise.
Die **Berliner Wetterkarte** wird täglich erstellt und umfasst Boden- und Höhenwetterkarten (Analysen und Vorhersagen), Satellitenbilder, Karten mit den Messwerten deutscher Stationen (z. B. Tiefst- und Höchsttemperaturen, Sonnenscheindauer, Niederschlagsmengen), weltweite Wetterwerte sowie Vorhersagen für Deutschland und den Berliner Raum. Außerdem erscheinen monatliche Statistiken und zahlreiche Sonderbeilagen. Anschrift: Verein Berliner Wetterkarte, c/o Institut für Meteorologie der FU Berlin, Carl-Heinrich-Becker-Weg 6-10, 12165 Berlin. Der tägliche Bezug der Berliner Wetterkarte kostet pro Monat inkl. Versand 35 € (Stand Januar 2023). Neben der gedruckten Berliner Wetterkarte gibt es auch eine noch ausführlichere Internetversion (205 € pro Jahr, mehr Informationen unter www.berliner-wetterkarte.de).
Der **Meteorologische Kalender** wird von der Deutschen Meteorologischen Gesellschaft (DMG) herausgegeben und ist ein Wandkalender im DIN-A3-Format. Er enthält auf der Rückseite der Bilder interessante Texte zu ausgewählten meteorologischen Themen. Das Motto des Kalenders im Jahr 2024 ist diesmal „Optische Phänomene der Atmosphäre" (Ladenpreis: 22,90 €, Direkt-Bezugpreis: 19 € + Versand). Infos unter www.dmg-ev.de/gesellschaft/publikationen/kalender.htm).

Eigene Messungen

Ideal für eigene Messungen sind Temperatur, Luftfeuchte und Luftdruck. Die am häufigsten gemessene meteorologische Größe ist wahrscheinlich die Temperatur. Im Prinzip geht das auch sehr einfach. Kompliziert wird es, wenn man Wert auf höhere Genauigkeit legt. Dann genügt nicht nur ein schattiger Standort. Das Thermometer sollte in einiger Entfernung von Gebäuden angebracht werden, gut belüftet und gegen indirekte Sonnenstrahlung geschützt sein sowie nicht nass werden. Auch wenn diese Kriterien oft nur zum Teil erfüllt sind, liefert die eigene Temperaturmessung dennoch einen guten Anhaltspunkt zur Wettereinschätzung. Sie kann aber natürlich nicht so genau sein wie die „offiziellen" Werte, die in einer Wetterhütte zwei Meter über einer gemähten Wiese gemessen werden.
Die Luftfeuchte ist nicht nur zur Beurteilung des Raumklimas interessant. So fühlt man sich bei einer relativen Luftfeuchte um 50 % am wohlsten. Auch in der Außenluft spielt die Luftfeuchte eine wichtige Rolle. Während 25 °C bei 30 % relativer Luftfeuchte als sehr angenehm empfunden werden, sind 25 °C bei 60 % relativer Luftfeuchte unangenehm schwül. Die Messung der Luftfeuchte hilft außerdem bei der Abschätzung der Tiefsttemperaturen, beispielsweise zur Beurteilung der Nachtfrostgefahr. In trockener Luft sinken die Temperaturen nachts weiter ab als in feuchter Luft.
Beim Luftdruck sind weniger die aktuellen Werte interessant, sondern die Luftdruckänderungen im Verlauf von mehreren Stunden. Kräftiger Druckfall bedeutet fast immer einen Umschwung zu wechselhaftem Wetter, auch bei relativ hohen absoluten Werten.

Symbole und Begriffe

Wetterkartensymbole

Wolken

Sonnig

Sonnig, nur wenig Wolken

Wolkig

Viele Wolken, noch einige Lücken

Bedeckt

Niederschlag

Nebel

Nieseln

Regen

Schnee

Schauer

Gewitter

Fronten

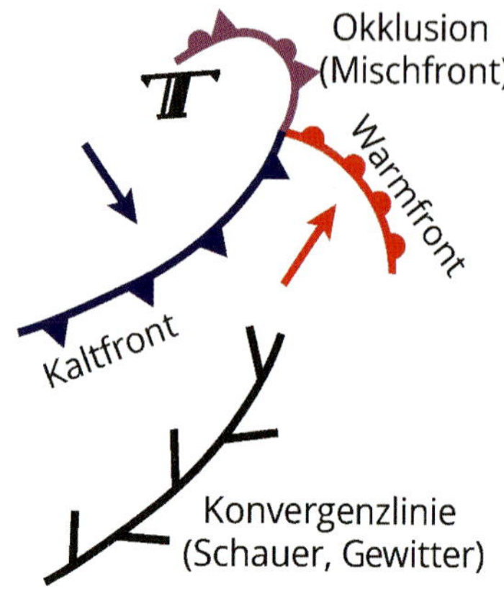

Wind

Zur Darstellung von Windrichtung und Windgeschwindigkeit werden Windpfeile verwendet. Die Striche zeigen immer in Richtung des tieferen Luftdrucks. Ein kurzer Strich bedeutet eine Windgeschwindigkeit von 5 kn (ca. 9 km/h), ein langer 10 kn (ca. 19 km/h), ein Dreieck 50 kn (ca. 93 km/h).

Temperaturbegriffe

Kälte	
Tiefstwert unter 0 °C	Frosttag
ganztägig unter 0 °C	Eistag

Wärme	
Höchstwert mindestens 25 °C	Sommertag
Höchstwert mindestens 30 °C	Heißer Tag (Tropentag)
Tiefstwert nicht unter 20 °C	Tropennacht

Anmerkungen:
Ein Eistag wird auch als Frosttag gezählt und ein Heißer Tag auch als Sommertag.
Die Temperaturen werden in einer Höhe von 2 m gemessen. In manchen Nächten kommt es vor, dass nur am Erdboden Frost herrscht (Bodenfrost). So ein Fall wird nicht als Frosttag gewertet.

Windstärken

Die Windstärke wird durch die Wirkung des Windes auf Gegenstände bestimmt. Der britische Admiral Sir Francis Beaufort (1774 – 1857) hat die nach ihm benannte Skala eingeführt. Die Windgeschwindigkeiten wurden erst später hinzugefügt. Die in der Tabelle angegebenen Windgeschwindigkeiten gelten für eine Höhe von 10 m über ebenem Boden. Die Umrechnung der Windgeschwindigkeit von Kilometer pro Stunde (km/h) in Meter pro Sekunde (m/s) oder in Knoten (kn) geht folgendermaßen:

1 kn = 1,852 km/h;

1 m/s = 3,6 km/h.

Windstärke in Beaufort (Bft)	Windgeschwindigkeit (in km/h)	Bezeichnung	Windwirkungen und Erläuterungen
0	kleiner als 1	Stille	Keine Windwirkungen; Rauch steigt gerade nach oben.
1	1 bis 5	leichter Zug	Wind kaum spürbar; Rauch treibt in die Richtung des Windes.
2	6 bis 11	leichter Wind	Wind bewegt Laub (oder einen Wimpel); leicht bewegliche Windfahnen zeigen die Windrichtung bereits an.
3	12 bis 19	schwacher Wind	Wind streckt einen Wimpel, setzt Laub und dünne laubtragende Zweige in ununterbrochene Bewegung.
4	20 bis 28	mäßiger Wind	Wind setzt laubtragende Zweige und dünnere Äste in Bewegung; Staub und lockerer Schnee werden aufgewirbelt.
5	29 bis 38	frischer Wind	Kleinere Laubbäume beginnen zu schwanken; auf Binnenseen haben Wellen ausgeprägte Schaumkronen.
6	39 bis 49	starker Wind	Wind bewegt große laubtragende Baumäste, pfeift in freien Drahtleitungen.
7	50 bis 61	steifer Wind	Ganze Bäume schwanken; Gehen bei Gegenwind ist behindert.
8	62 bis 74	stürmischer Wind	Wind bricht Zweige von laubtragenden Bäumen; Gehen im Freien ist behindert.
9	75 bis 88	Sturm	Kleinere Schäden an Häusern, Rauchkappen und Dachziegel werden herabgeweht.
10	89 bis 102	schwerer Sturm	Bäume werden entwurzelt; bedeutende Schäden an Häusern treten auf.
11	103 bis 117	orkanartiger Sturm	Selten im Binnenland. Auf See: hohe Wellenberge; Wellenberge werden überall zu Gischt verweht.
12	118 bis 133	Orkan	Sehr selten im Binnenland. Auf See: Luft ist mit Schaum und Gischt angefüllt, keine Fernsicht mehr.

Klimatabellen

Die angegebenen Werte sind typische Mittelwerte für die jeweilige Region. Es handelt sich nicht um Messwerte von bestimmten Orten. Je nach Wetterlage können die aktuellen Temperaturen natürlich mehr oder weniger von den Mittelwerten abweichen.
In **Deutschland** nimmt der atlantische Einfluss von Nordwest nach Südost ab, wobei der Temperaturunterschied zwischen Winter und Sommer immer größer wird. Die Niederschlagsmengen sind im Westen höher als im Osten, mit starken Schwankungen je nach Geländeform. Die höchsten Niederschlagsmengen gibt es im **Schwarzwald** und am **Alpennordrand** infolge von Staulagen und sommerlichen Gewitterregen. In den **südösterreichischen Beckenlagen** sind die Winter kalt, da sich hier bodennahe Kaltluft lange halten kann. Am **Mittelmeer** verlaufen die Winter mild und feucht, die Sommer dagegen heiß und trocken. Im Herbst bleiben die Wassertemperaturen lange über 20 °C.

Nordseeinseln: höchste Wassertemperatur im August, viel Regen im Herbst

	Jan.	Feb.	März	April	Mai	Juni	Juli	Aug.	Sep.	Okt.	Nov.	Dez.
Höchsttemperatur (°C)	3	3	5	9	14	17	19	19	16	13	8	5
Tiefsttemperatur (°C)	-1	-1	1	4	8	12	13	14	12	9	4	1
Niederschlag (mm)	60	40	50	40	45	60	65	70	85	90	90	75
Wassertemperatur (°C)	5	4	5	7	11	14	17	18	16	14	10	7

Münsterland: milde Winter durch Nordsee-Einfluss

	Jan.	Feb.	März	April	Mai	Juni	Juli	Aug.	Sep.	Okt.	Nov.	Dez.
Höchsttemperatur (°C)	4	5	9	13	18	21	22	22	19	14	9	5
Tiefsttemperatur (°C)	-1	0	2	5	8	11	13	13	10	7	4	1
Niederschlag (mm)	70	55	60	50	65	75	80	70	65	60	70	75

Oberrhein: im Sommer oft warm wie am Mittelmeer

	Jan.	Feb.	März	April	Mai	Juni	Juli	Aug.	Sep.	Okt.	Nov.	Dez.
Höchsttemperatur (°C)	4	6	11	16	20	23	26	25	22	15	9	5
Tiefsttemperatur (°C)	-2	-1	2	5	9	12	14	14	11	7	2	0
Niederschlag (mm)	55	50	50	60	80	85	75	70	60	55	60	60

Italien/nördliche Adria: sehr warme Sommer mit einigen Gewittern

	Jan.	Feb.	März	April	Mai	Juni	Juli	Aug.	Sep.	Okt.	Nov.	Dez.
Höchsttemperatur (°C)	6	8	12	17	21	25	28	28	24	18	13	8
Tiefsttemperatur (°C)	1	2	5	10	14	17	19	18	17	12	7	3
Niederschlag (mm)	50	45	60	65	65	70	60	75	70	75	90	65
Wassertemperatur (°C)	10	9	10	13	17	21	23	24	22	18	14	12

Niederlausitz: eine trockene Region, im Sommer warm

	Jan.	Feb.	März	April	Mai	Juni	Juli	Aug.	Sep.	Okt.	Nov.	Dez.
Höchsttemperatur (°C)	2	3	8	14	19	22	24	23	20	14	8	3
Tiefsttemperatur (°C)	-4	-3	0	4	9	11	13	13	10	6	2	-2
Niederschlag (mm)	35	30	30	45	55	65	55	65	45	40	40	45

Niederbayern: kalte Winter, warme Sommer

	Jan.	Feb.	März	April	Mai	Juni	Juli	Aug.	Sep.	Okt.	Nov.	Dez.
Höchsttemperatur (°C)	1	2	9	14	19	22	24	23	20	13	6	2
Tiefsttemperatur (°C)	-5	-4	-1	3	7	11	12	12	9	5	0	-3
Niederschlag (mm)	55	45	50	50	75	95	85	90	65	55	60	60

Nordalpentäler: hohe Niederschlagsmengen mit Schwankungen von Tal zu Tal

	Jan.	Feb.	März	April	Mai	Juni	Juli	Aug.	Sep.	Okt.	Nov.	Dez.
Höchsttemperatur (°C)	2	4	9	13	18	20	22	22	19	13	7	3
Tiefsttemperatur (°C)	-6	-5	-2	2	6	9	11	10	8	4	-1	-5
Niederschlag (mm)	105	90	95	105	135	190	205	180	120	90	95	85

Österreich/Beckenlagen im Südosten: kalte Winter durch Inversionswetter

	Jan.	Feb.	März	April	Mai	Juni	Juli	Aug.	Sep.	Okt.	Nov.	Dez.
Höchsttemperatur (°C)	0	4	9	15	20	23	25	24	20	14	6	2
Tiefsttemperatur (°C)	-7	-5	-1	4	8	11	13	12	9	5	0	-4
Niederschlag (mm)	40	40	45	65	90	115	120	100	85	65	70	50

Spanien/Mallorca: im Nordwesten mehr Regen als im Süden, im Sommer heiß

	Jan.	Feb.	März	April	Mai	Juni	Juli	Aug.	Sep.	Okt.	Nov.	Dez.
Höchsttemperatur (°C)	14	15	17	19	23	27	29	30	27	23	18	15
Tiefsttemperatur (°C)	6	6	8	10	13	16	19	20	18	14	10	7
Niederschlag (mm)	40	35	35	30	25	20	5	25	55	80	60	50
Wassertemperatur (°C)	14	13	14	15	17	21	24	25	24	21	18	15

Griechenland/südliche Ägäis: die sommerliche Dürreperiode endet im Oktober

	Jan.	Feb.	März	April	Mai	Juni	Juli	Aug.	Sep.	Okt.	Nov.	Dez.
Höchsttemperatur (°C)	15	16	17	21	25	29	31	31	28	25	20	17
Tiefsttemperatur (°C)	7	8	9	12	15	19	21	22	20	15	12	9
Niederschlag (mm)	95	75	55	30	15	5	0	0	20	60	70	80
Wassertemperatur (°C)	17	16	16	17	19	21	23	25	24	22	20	18

Sonnenauf- und Sonnenuntergang

SA 15. Januar (MEZ) SU

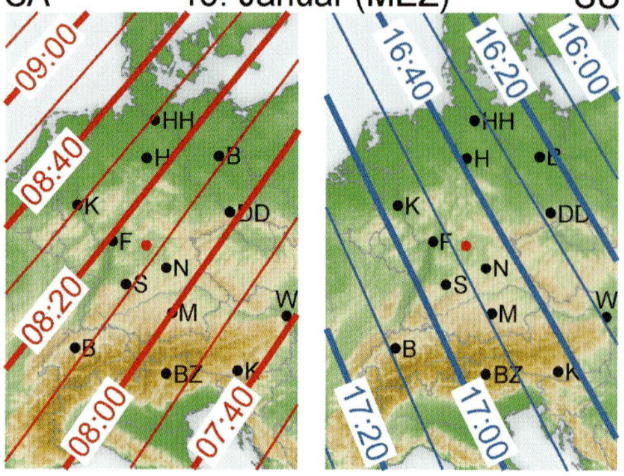

SA 15. April (MESZ) SU

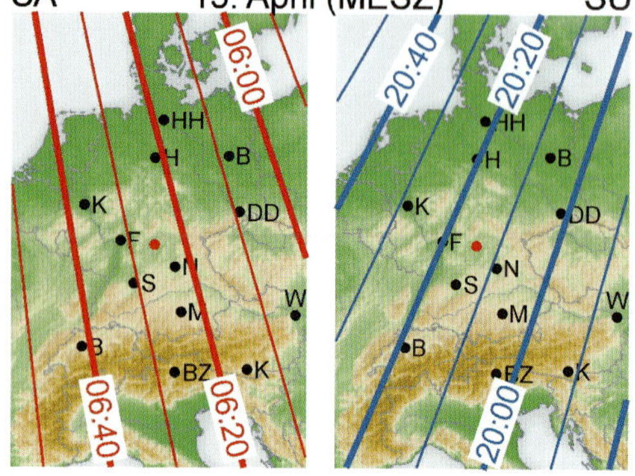

SA 15. Februar (MEZ) SU

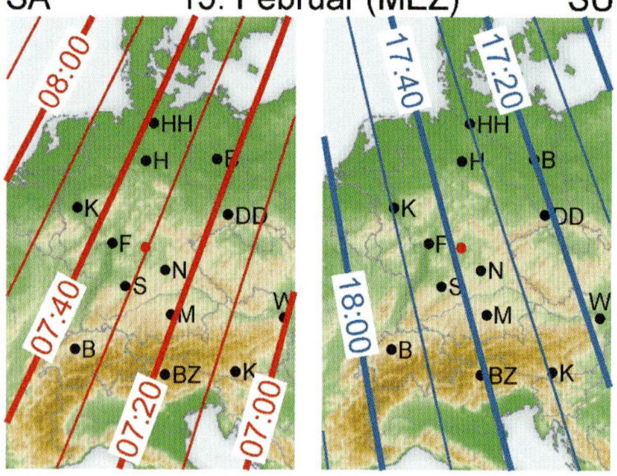

SA 15. Mai (MESZ) SU

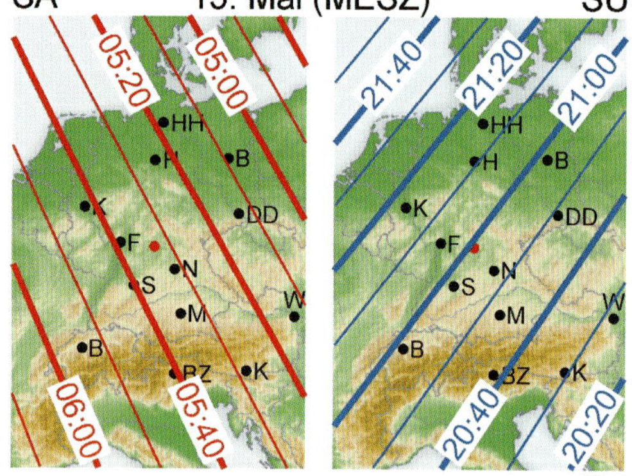

SA 15. März (MEZ) SU

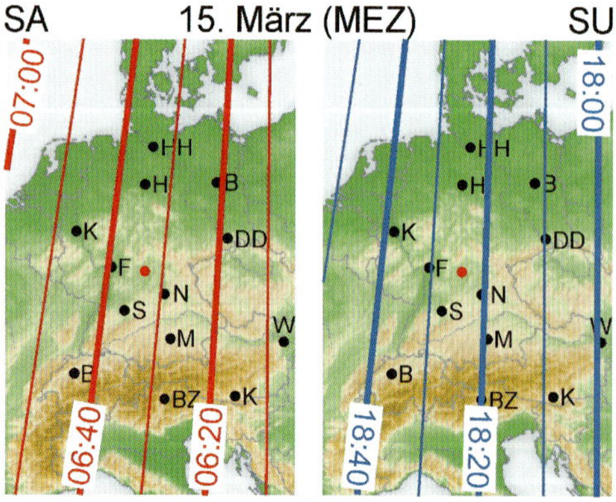

SA 15. Juni (MESZ) SU

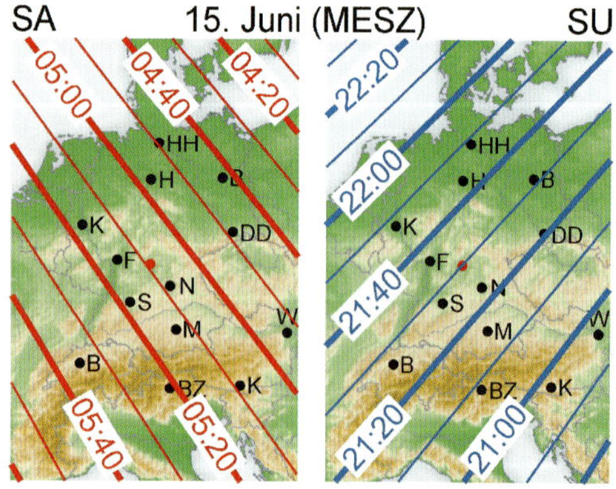

Im Wetterkalender sind die Sonnenaufgangs- und Sonnenuntergangszeiten für den roten Punkt zwischen Frankfurt a. M. (F) und Nürnberg (N) eingetragen. Die übrigen Abkürzungen stehen für Hamburg (HH), Hannover (H), Berlin (B), Köln (K), Dresden (DD), Stuttgart (S), München (M), Bern (B), Bozen (BZ), Klagenfurt (K) und Wien (W) sowie für Mitteleuropäische Zeit (MEZ) und Mitteleuropäische

SA 15. Juli (MESZ) SU

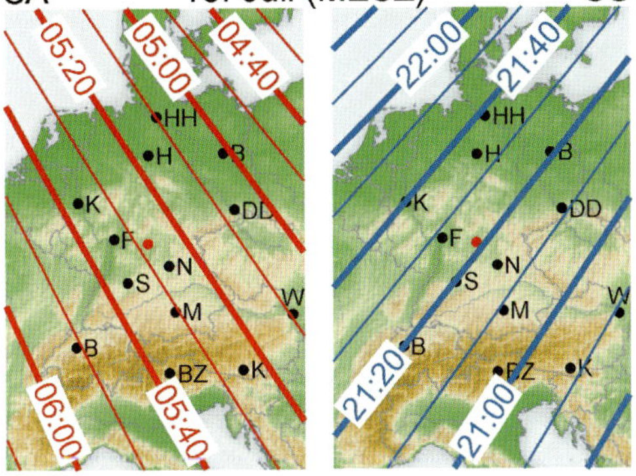

SA 15. Oktober (MESZ) SU

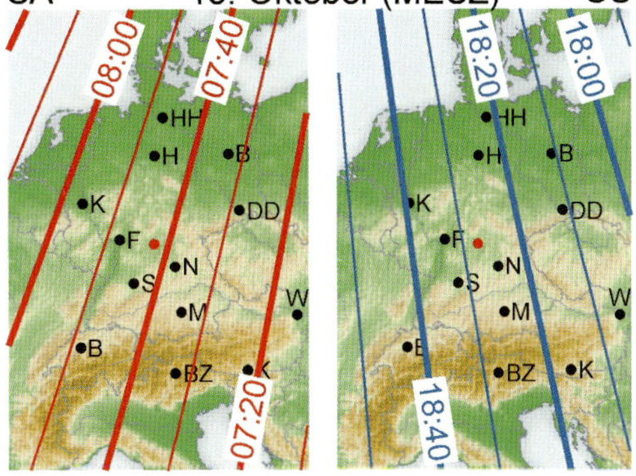

SA 15. August (MESZ) SU

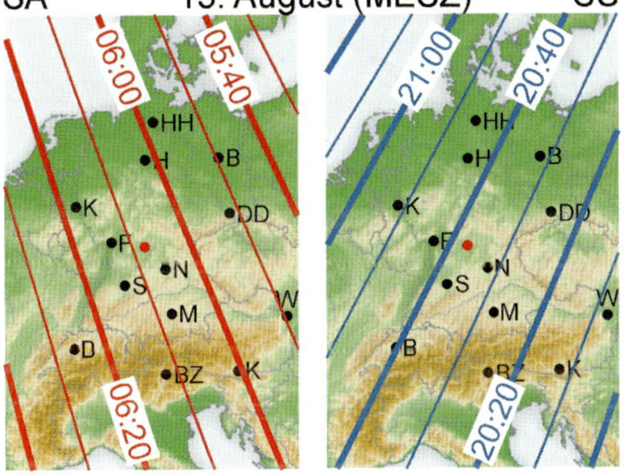

SA 15. November (MEZ) SU

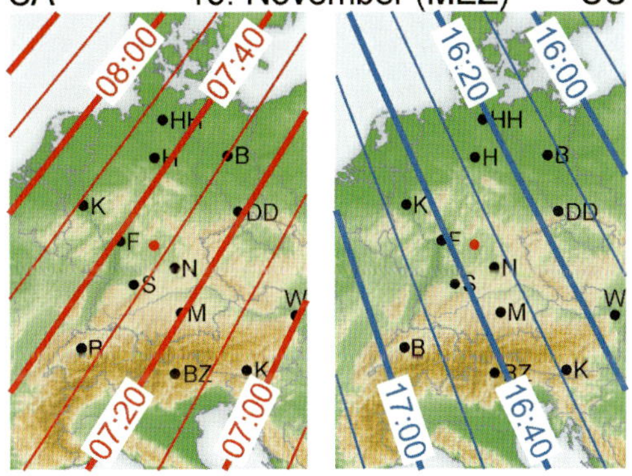

SA 15. September (MESZ) SU

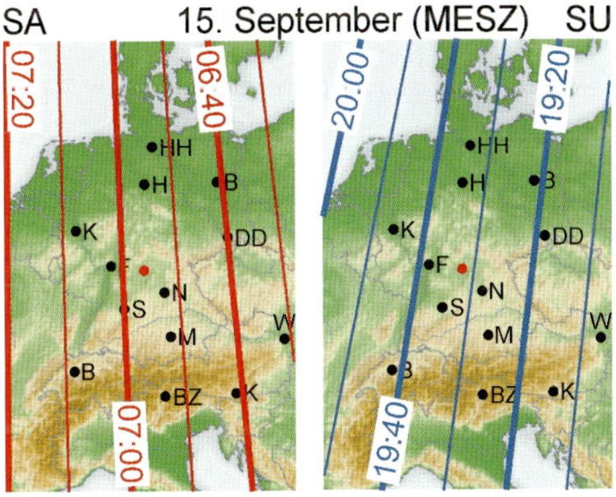

SA 15. Dezember (MEZ) SU

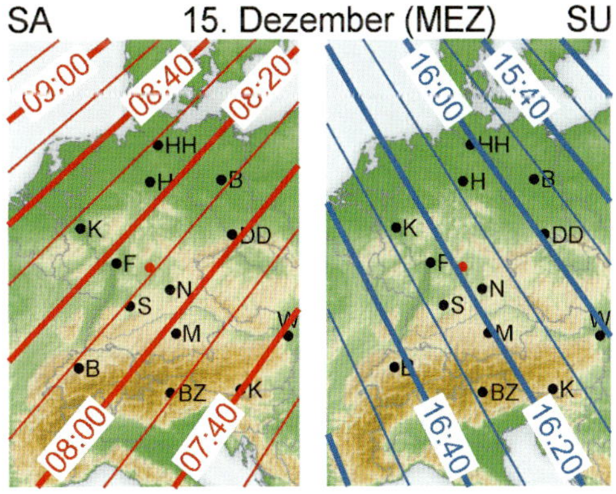

Sommerzeit (MESZ). Anhand der Grafiken lassen sich die Zeiten für die übrigen Orte ablesen. Auch kann man für jeden Monat einen Korrekturwert für den eigenen Standort bestimmen. Ein Beispiel: Mitte Februar geht die Sonne in München zehn Minuten früher auf als im Wetterkalender angegeben. Die Sonnenuntergangszeit muss in diesem Fall dagegen nur minimal korrigiert werden.

REGISTER

Quellen mit Bild sind durch (B) gekennzeichnet. Bei Mehrfachnennungen behandeln fett gedruckte Verweise ein Thema am ausführlichsten.

A
Aerosole 18(B)ff, 86
Äolsharfen 146(B)ff
Amerikanische Zitterpappeln 126(B)
Antarktische Jakobsmuschel 48(B)
Arsia Mons 158(B)ff
Atmosphärischer Fluss 47
Atmosphärische Gezeiten 23(B)

B
Ballonwetter 151(B)
Beaufort-Skala 169
Biowetter 163
Blattverfärbung 129(B)
Blood Falls 149(B)
Bodensee 24, **34(B)**, 144
Böenfront 89(B)

C
Cierzo 101(B), 102
Cotton Tree 60(B)

D
Dämmerungsstrahlen 18(B)
Dryline 54
Dürre 143(B)

E
Eistag 168
El Niño 32, 35, **85ff**, 143(B)

F
Flurwind 56(B)ff
Frösche 41(B)
Frosttag 168

G
Gartentipp
- Ewiger Kohl (Februar) 26(B)
- Obstbäume (April) 53
- Tomaten (Oktober) 132
- Himbeeren (Juli) 94
- Königskerzen (Juni) 81(B)
- Artischocken (Januar) 16
- Petersilie (März) 38
- Dill (August) 109(B)
- Schneeglöckchenbäume (Mai) 63(B)
- Stockrosen (September) 119(B)
- Honigpalmen (Dezember) 154(B)
- Sellerie (November) 144

Gewitter 53, 60, 77(B), 82, 89(B), 93, 95(B), 132, 136(B)
Glücksenten 79(B)
Glutnächte 108
Goldenes Horn 105(B)
Great Barrier Reef 138(B)
Grönlandhai 10(B)

H
Hagel 52(B), 70, **77(B)**, 93(B), 104(B), 107(B), 117
Hákarl 10
Halleyscher Komet 61(B)
Heißer Tag 168
Hitzewellen 27, **84(B)ff**, 108
Hochwasser 127(B), 144
Höllennächte 108
Höllentäler 57
Hurriquake 103(B)
Hydrologischer Silvester 133(B)

J
Jahreszeiten in der Natur 166
Jetstream 86

K
Kältewelle 153
Kármánsche Wirbel 147(B)
Klimatologische Normalperiode 64, 133
Klimamodelle 86
Kohlendioxid 66, 84, 158ff
Konvektion 136
Korallenbleiche 138(B)

L
La Niña 35
Lahare 96(B)ff
Lake-Effect 10
Lavadome 97(B)ff
Leewellen 158(B)
Leguane 15(B)
Lorbeerwald 9(B)
Luftunruhe 82

M
Marswolken 158(B)ff
Meeresforschung 66
Mondregenbogen 134(B)ff
Monsun 80, 137(B), 138

N
Nebel 59(B), 87(B)

O
Omega-Wetterlage 122(B)ff
Orographische Wolken 158(B)ff
Ozonloch 115(B)
Ozonschicht 23

P
Panamakanal 30(B)ff
Parusfelsen 141(B)
Perlmuttwolken 19(B)ff
Photosynthese 72, 126
Pohutukawa-Bäume 150(B)
Pollenallergie 64
Pyroklastische Ströme 98

Q
Qanate 110(B)ff

R
Regen-auf-Schnee-Ereignis 11(B)
Reisanbau 76(B)
Rekorde
- Gletscherschmelze 118(B)
- Hagelkorngröße 93(B)
- Pegelstand 143(B)
- Regenmenge 17(B), 103(B), 123(B), 131(B)
- Schneehöhe 27
- Temperatur 13, 22, 35, 40, 48, 76, 84(B), 91, 94, 108, 113(B), 130
- Wasserstand 127(B)

S
Sandbüchsenbaum 102(B)
Schlammströme 96(B)
Schneefall 10, 21(B), 27ff, 35, 51, 92, 144, 156
Schwerewellen 75(B)
Schwimmende Gärten 114(B)
Shelfcloud 89(B)
Smog 139(B)
Sommertag 64, 168
Stadtklima 56(B)ff
Sturmflut 127(B), 142(B)
Sturzflut 103(B), 123(B)

T
Tiefdruckgebiete
- "Daniel" 122(B)ff
- "Elliot" 156
- "Juliette" 29(B)
Tierregen 80
Tonle Sap 137(B)
Tornados 54
Totenkopfschwärmer 88(B)
Traufe 67(B)
Tropennacht 168
Tropische Wirbelstürme
- "Eloise" 16
- "Hilary" 103(B)
- "Idai" 16
- "Jebi" 58
- "Nicole" 142(B)
- "Odette" 155
- "Ophelia" 120
- "Rai" 155
- "Seroja" 51
Tukane 22(B)

U
Überflutungen 16, 51, 103(B), 107, 114(B), 120, 122(B)ff
Umkehrthermik 49(B)
UV-Index 164ff
UV-Strahlung 23

V
Valborgsmässafton 55(B)
Vegetative Reproduktion 126(B)
Viechtauer 95(B)
Vulkane 18(B)ff, **96(B)ff**, 115

W
Wärmeinsel 56(B)ff
Weinbau **68(B)ff**, 106, 125(B)
Wetterleuchten 132
Wetterpüppchen 39(B)
Wolkentypen 42(B)ff, 158(B)ff

Z
Zitterpappeln 126(B)

IMPRESSUM – BILDNACHWEIS

Titelbild: Volcán de Fuego, Guatemala, vgl. S. 96 (Alex Person)
Bild auf der Umschlagrückseite: Shelfcloud über Mississippi, vgl. S. 89 (CNMOC)

Herausgeber und Copyright © 2023: Windturm-Verlag Bernd Eisert
Straßbergerstraße 26, D-80809 München
Tel. +49 (0) 89 420950723 · www.windturm-verlag.de
ISBN 978-3944139111
Konzept und Texte: Bernd Eisert, Richard Heinrich und Gabriele Reich
Grafik, Satz und Umschlaggestaltung: Bernd Eisert
Druck: pma-medien.de
Mit 127 Farbfotos und 26 farbigen Illustrationen.

Eine Reihe von Informationen zum Wetterjahr finden Sie auch unter **www.wetterjahr.de.**
Abo: Zusendung für 12,95 € pro Jahr. Bestellung beim Verlag schriftlich oder über Internet.
Aktuelle Anzeigenpreisliste: www.windturm-verlag.de/Preisliste_Werbung_Wetterjahr

Bildnachweis
Seite 1: Paulette Donellon • **Seite 4/5:** wikipedia.org/Natural Earth II • **Seite 6:** oben links: Daniel Gonzalez; oben rechts: Britt-Marie Sohlström; unten links: pixabay.com; unten rechts: Frank Molter • **Januar:** 9: orkomedix/Flickr.com; 10: Uli Kunz; 11: Scott Wallace; 12: BAW, CC BY-SA 2.0, wikimedia.org; 14: Landvolk Niedersachsen; 15: Greg Lovett; 17: MonteChristoNZ; 18: Peter Krämer; 19: Munch-Museum; 20: Dagmar Trodler • **Februar:** 21: Arlene Towriss; 22: pixabay.com; 23: Schindelegger und Ray, 2014; 24: Meteoschweiz; 25: szrenica.pl; 26: samenhaus.de; 29: Bruno Lanzendörfer; 30: Daniel Gonzalez; 31: Diego Lezama; 32: The Panama Canal Authority • **März:** 33: Jorge Ivan Vasquez; 34: Tourist-Info Sipplingen; 35: 9news.com.au; 36: Thorsten Günthert, 37: Sally V, CC BY-SA 4.0, wikimedia.org; 39: Arthit Pornpikanet; 41: Christian Fischer, CC BY-SA 3.0, wikimedia.org, 42 links: pogodadlaslaska.pl; 42 rechts: Tim Barton; 43 oben, links: Jean Mottershead; 43 oben, rechts: Bernd Eisert; 43 unten: Magnus Manske; 44: Jon Large; 45 oben (links, rechts): Tuqueto/flickr.com; 45 unten: Martin Sharman; 46 oben: Ed Schipul; 46 unten: anslatadams/flickr.com • **April:** 47: Paulette Donellon; 48: Steve Clabuesch (NSF/USAP); 49: vogelfrei.de; 50: Jürgen Liere; 52: arab_storms; 55: Britt-Marie Sohlström; 56: meteoblue.com; 57: h-hotels.com; 58: ubm-development.com • **Mai:** 59: Erik Christensen; 60: Steve O'Taylor; 61: Steven R. Shook; 62: Ulf Köhler; 63: Christopher Benda; 65: Thomas Frey; 67: pixabay.com; 68: Victor Dahl; 69: wzg-weine.de; 70: Franck; 71: Frank Rumpenhorst; 72; schloss-wackerbarth.de; 73: Dominik Ketz; 74: Marie Ohl • **Juni:** 75: NASA/MODIS; 76: pixabay.com; 77: Vereinigte Hagel; 78: alpenwandern.ch; 79: Michael Ho Wai Lee; 81: Otmar Diez; 83: alpine-wandergruppe.de; 84, 85: Climate Reanalyzer; 86: Bernd Eisert • **Juli:** 87: Matthias Süßen, CC BY-SA 4.0, wikimedia.org; 88, 90: pixabay.com; 89: CNMOC; 93: Francesco Spangnol; 95: Wilfried Fischer; 96: Cory Price; 97: Devi Rahman; 98: BGS(NERC)/Government of Montserrat; 99: R. Bellers; 100: Salvatore Allegra • **August:** 101: José Calvo; 102: William Rodrigues dos Santos; 103: Richard Vogel; 104: Horst Haas; 105: bolcroatia.com; 107: orf.at; 109: beetfreunde.de; 110, 112: S. H. Rashedi; 111: Pafnutius, CC BY-SA 3.0, wikimedia.org • **September:** 113: Matt York; 114: Syed Zakir Hossain; 115: ESA; 116: pixabay.com; 118: Matthias Huss; 119: Ole Schoener; 121: Clark Little; 122: ECMWF; 123: Makis Theodorou, CC BY-SA 3.0, wikimedia.org; 124: NASA/MODIS • **Oktober:** 125: montreuxriviera.com; 126: Nicole Atkins; 127: Frank Molter; 128: Grundner/Tourismusverband MVP; 129: M. Schülke; 131: Liliangel/twitter.com; 133: lechzeit.com; 134: Libor Čihák Junior; 135: Calvin Bradshaw; 136: Ian Glendinning • **November:** 137: au.hotels.com; 138: J. Sumerling; 139: NASA/MODIS; 140: Winfried Tommerdich; 141, 145, 146, 148: pixabay.com; 142: Rebecca Blackwell; 143: Jo" o Soares; 147: NASA/MODIS • **Dezember:** 149: Gero Francke/FH Aachen; 150: sciencemediacentre.co.nz; 151 Stefan Schiefer; 152: facebook.com/eifelwunder; 154: Maria Uspenskaya; 157: Sylvia Franz; 158 links: NASA/JPL-Caltech; 158 rechts: NASA/JPL/MSSS; 159: ESA/DLR/FU Berlin/J. Cowart, CC BY-SA 3.0 IGO; 160: NASA/JPL-Caltech/MSSS • **Seite 161:** pixabay.com • **Seite 172/173:** Landkarten: wikipedia.org/ETOPO2.